Fertigung und Betrieb
Fachbücher für Praxis und Studium
Herausgeber: H. Determann und W. Malmberg
Band 11

Victor Boetz

Flexible Sonder-Werkzeugmaschinen für spanende Fertigung

Bau- und Arbeitseinheiten, Planung, Wirtschaftlichkeit, ausgeführte Bauformen

Mit 69 Bildern

Springer-Verlag
Berlin · Heidelberg · New York 1979

Herausgeber der Reihe:
Dr.-Ing. Hermann Determann, Hamburg
Dipl.-Ing. Werner Malmberg, Hamburg

Autor dieses Bandes:
Obering. Victor Boetz, Rottach-Egern

CIP-Kurztitelaufnahme der Deutschen Bibliothek:
Boetz, Victor:
Flexible Sonder-Werkzeugmaschinen für spanende Fertigung: Bau- u. Arbeitseinheiten, Planung, Wirtschaftlichkeit, ausgeführte Bauformen / Victor Boetz.
Berlin, Heidelberg, New York: Springer 1979.
(Fertigung und Betrieb: Bd. 11)

ISBN-13:978-3-540-09367-1 e-ISBN-13:978-3-642-81337-5
DOI: 10.1007/978-3-642-81337-5

2362/3020-543210

Zu dieser Fachbuchreihe

In den letzten beiden Jahrzehnten hat sich die Fertigungstechnik schnell und vielseitig weiterentwickelt. Moderne Fertigungsverfahren haben entscheidend dazu beigetragen, daß selbst hochwertige Wirtschaftsgüter kostengünstig hergestellt werden können und damit für breite Käuferschichten erreichbar sind. Dieser hohe Entwicklungsstand muß auch unter den erschwerenden Bedingungen erhalten bleiben, die durch die aktuellen Probleme der Energieversorgung auf uns zugekommen sind, wenn unser aller Lebensstandard nicht absinken soll.

Hierzu beizutragen, ist Hauptaufgabe von „Fertigung und Betrieb". Die Bände dieser Buchreihe werden den im Betrieb tätigen Ingenieuren und Technikern sowie Studierenden des Maschinenbaus und der Fertigungstechnik, aber auch angrenzender Fachgebiete den Einblick in das gesamte Betriebsgeschehen erleichtern. Sie sollen helfen, Werkstoffe, Betriebsmittel und Energien optimal einzusetzen und die Produktionssysteme möglichst flexibel zu gestalten, um sie wechselnden Verhältnissen leicht anpassen zu können. Sie gestatten es also, gerade das Fachwissen zu vertiefen oder neu zu erschließen, welches eine der Voraussetzungen für die Absatzfähigkeit unserer Industrieerzeugnisse trotz laufender Kostensteigerungen ist. Ohne ausreichende fachliche Kenntnisse kann niemand wirtschaftlich fertigen und Qualität sichern!

Die thematischen Schwerpunkte der Buchreihe orientieren sich an den Bedürfnissen von Beruf und Studium. Die Darstellungen sind kurzgefaßt, ohne große Vorkenntnisse verständlich und betont praxisnah. Sie berücksichtigen den neuesten Stand der Technik und enthalten Hinweise für ein vertiefendes Weiterstudium.

Hamburg, im Juli 1979 **H. Determann · W. Malmberg**

Vorwort

Das vorliegende Buch wendet sich an alle, die im Büro, Betrieb oder Verkauf mit spanabhebenden Sonder-Werkzeugmaschinen — im folgenden kurz Sondermaschinen genannt — zu tun haben. Es soll sowohl dem Konstrukteur einschlägige Anregungen geben, ohne daß auf Details eingegangen wird, als auch den im Betrieb und Verkauf Tätigen einen schnellen Überblick über Möglichkeiten und derzeitigen Entwicklungsstand geben.

Alle Angesprochenen interessiert ein Thema, nämlich die Problemlösungen im Sondermaschinenbau. Zu jeder Zeit steht die Lösung eines bestimmten Bearbeitungs- bzw. Fertigungsproblems bei der Beschaffung einer spanabhebenden Sondermaschine im Vordergrund. Dabei handelt es sich nicht immer nur um Werkstücke, die von der Gestalt, der Funktion oder vom Werkstoff her einen aufwendigen Arbeitsablauf erfordern. Es ergeben sich wesentliche Probleme aus der geforderten Mengenleistung, aber auch aus der Lage von Flächen, Bohrungen, Gewinden und Aussparungen. Auch enge Toleranzfelder, besonders genaue Winkellagen, bestimmte Oberflächengüte, Spannmöglichkeiten usw. spielen hier mit hinein.

Der Sondermaschinenbau als „Maßschneiderei" läßt dieses Thema, von der Technik her gesehen, besonders interessant erscheinen. Durch Verwendung von heute weitgehend genormten Baueinheiten haben diese Maschinen ihre Starrheit verloren. Sie sind durch Umstellung, Umbau und Ergänzungen wandlungsfähig und können sich so auch zu anderen Systemformen umgestalten lassen. Damit haben wir flexible Produktionseinheiten, die sich den Erfordernissen geänderter Produktionsverhältnisse anpassen können. Um das Risiko des Kapitaleinsatzes zu verringern, das Benutzer und Hersteller gleichermaßen trifft, sollte ein Dialog zwischen den Partnern vorausgehen, um so durch Partnerschaft die bestmögliche Lösung für das bestehende Problem zu finden und es auch realisieren zu können.

Die Fülle des Stoffes und die notwendige Beschränkung des Buchumfanges werden mancherlei Wünsche offen lassen. Hier sei auf das Literaturverzeichnis hingewiesen, das für bestimmte Gebiete ein weitergehendes Studium ermöglichen kann.

München, im Juli 1979 **V. Boetz**

Inhaltsverzeichnis

Einleitung

Wegen der Notwendigkeit, die Produktivität der Werkzeugmaschinen zu steigern, sieht man sich in allen Industriezweigen gezwungen, für den Werkzeugmaschinenbau Einrichtungen zu schaffen, mit denen eine wirtschaftlich möglichst günstige Verkettung von Maschinen erreicht werden kann. Die Serien- und Mengenfertigung hat bekanntlich mehr und mehr zu „Einzweckmaschinen" geführt. Sie erweisen sich aber als unwirtschaftlich, wenn nicht die Möglichkeit vorhanden ist, diese des öfteren auf andere Werkstücke umzurüsten. Man ist daher dazu übergegangen, Werkzeugmaschinen nach dem Baukastenprinzip zusammenzustellen. Auf diese Weise ist man zu genormten Einheiten gelangt, aus denen Werkzeugmaschinen aufgebaut werden können. Sie lassen sich in viel kürzerer Zeit als Einzweckmaschinen umrüsten. Ebenfalls kann man rascher als früher Verschleißteile und beschädigte Teile auswechseln.

Das europäische Fertigungsdenken, also Organisation und Durchführung der Herstellung bestimmter Werkstücke, stellt an den Beginn aller Überlegungen die Maschine. Nicht nur Betriebsleiter, Arbeitsvorbereiter, Meister und Facharbeiter denken in dieser Richtung, sondern auch die Konstrukteure gehen bei der Gestaltung der Werkstücke günstigenfalls von vorhandenen oder auf dem Markt erhältlichen konventionellen Werkzeugmaschinen aus. Sondermaschinen und Fertigungseinheiten jedoch verlangen ein vollkommenes Abgehen von dieser Methode. Bei ihnen beginnt das Werkstück die Hauptrolle zu spielen. Eine moderne Fertigung erfordert das Denken in Funktionen, darum steht am Anfang aller Überlegungen das Werkstück.

Man ist sich darüber klar geworden, daß wir uns in Europa den Luxus des Facharbeiters nicht mehr leisten können, wenn wir unsere Produktion so steigern wollen, wie es das immer stärker werdende Bedürfnis nach einer Steigerung des Lebensstandards unabwendbar macht. Die halb- oder vollautomatisch arbeitende Sondermaschine verzichtet für die Kontrolle ihrer Funktionen auf den Facharbeiter. Sie bedarf seiner nur noch zu ihrer eigenen Herstellung und zur Einrichtung auf die verschiedenen Werkstücke sowie zur Gestaltung und Pflege der Werkzeuge.

Sondermaschinen sind weder unveränderliche „Einzweckmaschine" noch gibt es für sie zu kleine Serien. Auch Sondermaschinen können flexibel gestaltet werden. Sie können verschiedene Arten und Größen von Werkstücken wirtschaftlich bearbeiten. Auch die kleine Serie ist kein Hindernis, weil die Verstellbarkeit der Maschinen die Addition mehrerer kleiner

Serien gestattet und die Bearbeitung gewisser Werkstückformen auf den gebräuchlichen Universalwerkzeugmaschinen alles andere als wirtschaftlich ist.

Die bewährten Verfahren für die Auslegung und den Bau von Sondermaschinen bei Großserienfertigung kommen nur für eine relativ kleine Zahl von Industriegruppen in Betracht. Beispielsweise steht die Automobilindustrie mit ihren hohen Stückzahlen ziemlich allein, und lediglich die Fertigungen der Fahrzeug-, der Armaturen-, der Elektromotoren- und der feinmechanischen Industrie können noch mit außerordentlich hohen Produktionszahlen rechnen. Infolge der besonderen wirtschaftlichen Verhältnisse und Möglichkeiten der meisten Betriebe in den europäischen Industrieländern sind diese gezwungen, entweder die Bearbeitungsmöglichkeiten für verschiedene Werkstücke ähnlicher Form zu schaffen und dadurch die Stückzahlen zu vergrößern oder die Beschaffungskosten durch Vereinfachung von Maschinen höherer Produktionsleistung niedriger zu halten. Gerade diese Faktoren sollen bei den folgenden Kapiteln besonders berücksichtigt werden und die Basis aufzeigen für die grundsätzliche Gestaltung und Auslegung von Maschinen.

Um den künftigen Trend im Sondermaschinenbau zu erkennen, ist es wichtig, die Entwicklung dieser Maschinen in den hauptsächlichsten Phasen zu betrachten:

1. Bis etwa Anfang der 30er Jahre herrschten die Universalmaschinen vor, die je nach ihrer Funktion in getrennten Abteilungen, wie Dreherei, Fräserei, Bohrerei usw. zusammengefaßt waren. Das ermöglichte einerseits die Durchführung von Arbeitsgängen an Einzelstücken und an Kleinserien, andererseits waren weite Werkstücktransporte erforderlich, um mehrere Operationen am gleichen Werkstück auszuführen. Die Maschinen waren zwar flexibel, ihr Umrüsten beanspruchte jedoch viel Zeit. Außerdem waren oftmals hierfür qualifizierte Facharbeiter nötig.

2. Mit Zunahme der Serienfertigung in den Industriezweigen mit großen Stückzahlen, wie hauptsächlich in der Autoindustrie, ging man dazu über, die Transportwege zu verringern und die Maschinen in einer Reihenfolge aufzustellen, wie sie für die Operationsfolge im Betrieb benötigt wurden. Es entstanden so Fertigungslinien, die nur aus Universalmaschinen bestanden, wobei jede Maschine nur eine Spezialaufgabe zu erfüllen hatte.

3. Der nächste Schritt war, die Universalmaschine durch die sogenannte Einzweckmaschine zu ersetzen und sie in die Fertigungslinien einzureihen. Dabei kam es vor, daß Universalmaschinen und Einzweckmaschinen gemischt in einer Reihe standen.

4. Der Sprung zur heutigen Sondermaschine wurde durch die Großserienfertigung erforderlich. Werkstücke einer Teilefamilie mußten noch wirtschaftlicher bearbeitet werden können, was nur durch Einsparung von Transport- und Spannzeiten zu ermöglichen war. In dieser Zeit, Anfang der 50er Jahre, wurde der noch heute gültige Satz geprägt: „Das Laden und Entladen eines Werkstücks *muß* in die Bearbeitungszeit fallen".

5. Die jetzige Entwicklungsstufe im Sondermaschinenbau ist durch die Anwendung eines Baukastensystems gekennzeichnet. Der Satz „aus ge-

normten Baueinheiten entstehen Sondermaschinen“ wurde Allgemeingut für die Maschinenhersteller wie für die Maschinenplaner.

6. Die Zukunft dürfte bei den flexiblen Sondermaschinen und Transferstraßen liegen. Die Zeiten sind sicherlich endgültig vorbei, wo z. B. bei der Autoindustrie beim Produktionsstart eines neuen Modells die bestehenden Fertigungslinien demontiert und parallel hierzu nagelneue Fertigungslinien zum Einsatz kommen. Für die Sondermaschinen-Hersteller war eine derartige Handhabung verständlicherweise eine willkommene Gelegenheit, sich jedesmal von dem recht gewaltigen „Investitionskuchen“ ein gar nicht so bescheidenes Stück herauszuschneiden. Heute versucht man mit allen Mitteln, bestehende Produktionsanlagen bei Werkstückänderungen oder ganz anders gearteten Werkstücken umzubauen, bevor man an die Beschaffung neuer Sondermaschinen denkt. Dabei ist es nicht selbstverständlich, daß der ursprüngliche Hersteller der Maschine auch den Umbau vornimmt. Solche Umbauten gehen oftmals nur unter größten Schwierigkeiten vonstatten, zumal man ursprünglich überhaupt nicht an einen späteren Umbau bzw. anderen Verwendungszweck gedacht hat. Künftig wird man aber daran denken müssen, weshalb alle Sondermaschinen- und Transferstraßen von vornherein für jetzige und evtl. spätere Aufgaben konzipiert werden müssen.

Die Flexibilität der Produktionsmittel wird über allem stehen. Das gilt nicht nur für Maschinen der Großserienfertigung, sondern erst recht bei mittleren und kleineren Produktionsstückzahlen.

1 Aufgaben und Bedeutung der Sondermaschinen

Die Werkzeugmaschine als Produktionsmaschine der Industrie und als Mittel zur Erstellung von Fabrikationsanlagen jeder Art nimmt eine Schlüsselstellung in der gesamten Fertigung ein. Technischer, wirtschaftlicher und kultureller Fortschritt sind eng an die Entwicklung der Werkzeugmaschine gebunden. Diese selbst hat den Weg von der Universal- oder Allzweckmaschine über die Einzweckmaschine zu der baukastenmäßig aus Einheiten zusammengestellten Mehrzweckmaschine genommen, die sich den jeweiligen Aufgaben schnell und wirtschaftlich anpassen läßt. Inzwischen ist das Gebiet so vielseitig und umfangreich geworden, daß es selbst dem Fachmann kaum mehr möglich ist, den Überblick zu behalten.

Die Forderungen, die in der modernen Fertigung an die Werkzeugmaschine gestellt werden, sind außerordentlich hoch. Sie erstrecken sich auf

- höchste Präzision,
- absolute Zuverlässigkeit,
- schnelle Bereitschaft durch leichte Umrüstbarkeit,
- wirtschaftliches Arbeiten auch bei Kleinserien und Einzelfertigung,
- minimale Nebenzeiten,
- automatischer Arbeitsablauf,
- geringe Wartung,
- beste Nutzung durch Anpaßbarkeit mittels Umstellen, Austauschen, Zufügen.

Die Zukunft wird immer mehr in Richtung „flexible Sondermaschinen" gehen und zwar zum Einsatz bei mittleren Produktionsstückzahlen und bei mittlerem Flexibilitätsgrad, meist zur Fertigung von Werkstückfamilien.

Investitionen sind mit Risiken verbunden, da Unsicherheitsfaktoren in jede Wirtschaftlichkeitsberechnung eingehen. Leicht in allen ihren Bauelementen umrüstbare, flexible Maschinen können jedoch vielseitig eingesetzt werden. Beispiel: Anfang der 50er Jahre lieferte ein Transferstraßen-Hersteller an ein bekanntes deutsches Automobilwerk eine Straße zur Bearbeitung von Achsschenkeln. Zwischenzeitlich wurde die Straße mit relativ niedrigem Aufwand fünfmal umgebaut. Heute werden auf der gleichen Straße Hauptbremszylinder bearbeitet.

Flexible Maschinen werden deshalb in der Zukunft weitere Verbreitung finden. Auch die Ergänzung durch Zukauf-Baugruppen muß erwähnt werden, wobei die Umbaufreundlichkeit nicht nur auf Transferstraßen eines Hersteller beschränkt bleiben kann, sondern es sollten auch die Baugruppen der meisten deutschen Hersteller gegeneinander austauschbar sein. Den Hauptteil an neuen flexiblen Lösungen bilden die Bearbeitungseinheiten, Vorrichtungen, Werkzeuge, Steuerungen, Werkstückhandhabung und Transfersysteme.

Es versteht sich von selbst, daß die Planung solcher Maschinen nach dem Gesichtspunkt möglichst „alles aus einer Hand", den wichtigsten Faktor dabei spielt. Die Maschinen müssen anpassungsfähig sein, d. h. auch hinsichtlich Schwankungen der Produktionsleistungen in der Zukunft, um das Investitionsrisiko zu senken.

Das Abwägen, wann eine numerisch gesteuerte Maschine, wann eine flexible Sondermaschine oder Transferstraße, wann eine gemischte Transferstraße aus Sonder- und Standardelementen oder wann Standardmaschinen zusammengesetzt, wann noch andere Fertigungsmittel günstiger sind, wird immer das eigentliche Arbeitsgebiet des „Engineering" bleiben. Eine exakte Gesamtplanung von Maschine, Verkettung, Steuerung usw. muß so ausgelegt werden, daß für jetzige und künftige Produktionsleistungen die notwendige Flexibilität gewährleistet ist. Solche Gesamtplanungsaufgaben können nur von Hersteller und Benutzer gemeinsam durchdacht werden. Eine schnelle und gut funktionierende Zusammenarbeit der verschiedenen Spezialisten ist also bereits im Angebots- und Planungsstadium unumgänglich.

1.1 Begriffsbestimmungen

Spanende Sondermaschinen sind für einen oder mehrere Arbeitsgänge vorgesehen. Sie werden bei größeren Stückzahlen angewendet und ermöglichen infolge dieser Einschränkung eine wesentlich vorteilhaftere Bearbeitung im Einzelfall. Sondermaschinen werden zu den verschiedensten Bauformen entwickelt und zweckmäßigerweise aus genormten Baueinheiten nach dem Baukastenprinzip zusammengesetzt oder, wenn es der Bedarfsfall erfordert und genormte Baueinheiten nicht verwendet werden können, von Grund auf neu konstruiert. Dann wird zunächst ein Prototyp für die Bearbeitung eines bestimmten Werkstückes geschaffen. Im übrigen kann hier das Thema auf einige wichtige Grundbegriffe beschränkt bleiben, aus denen sich alle weiteren logisch ergeben.

Automaten im üblichen Sinne sind Maschinen oder Einrichtungen, bei denen sich ein Vorgang einmalig oder mit Wiederholung selbsttätig abspielt. Insbesondere Drehmaschinen werden im Werkzeugmaschinenbau je nach ihrer Ausstattung als Halb- oder Vollautomaten bezeichnet.

Vollautomaten sind Werkzeugmaschinen, die dazu bestimmt sind, Werkstücke aus Stangen oder vorgeformten Teilen selbsttätig zu bearbeiten, wobei auch der Werkstoff oder die Einzelteile selbsttätig zu- und abgeführt werden. Bei *Halbautomaten* werden dagegen die Werkstücke, bei unbearbeiteter Ausführung auch als Rohlinge bezeichnet, von Hand ein- und ausgespannt, und *nur* der Arbeitszyklus wird von der Maschine gesteuert.

Baueinheiten sind Einheiten, die sich als Ganzes an oder auf Maschinen anbringen oder aus denen sich Maschinen aufbauen lassen. Es kann sich um reine Aufbaueinheiten (Unterbauten, Ständer u. ä.), um Bearbeitungseinheiten, Spann-, Vorschub-, Antriebs-, Transport-, Zubringeeinheiten usw. handeln. Sind die Einheiten verschiedenartig kombinierbar, so spricht man von einem Baukastensystem. Es kann firmeninterne Baukastensysteme geben, nach denen ein Hersteller seine Produktion ausrichtet, ohne das ein Austausch mit fremden Einheiten möglich wäre. Für die Sondermaschinen aus Baueinheiten, die hier in der Hauptsache besprochen werden, gelten die allgemeinen Richtlinien und Normen, die eine freie Kombination zulassen, soweit die vorgesehene Austauschkonstruktion eingehalten wird. Elektrische, hydraulische und pneumatische Schalt- und Steuereinrichtungen werden in Baugruppen zusammengefaßt und in besonderen Schränken untergebracht.

Mehrstationenmaschinen sind solche, bei denen die Bearbeitung eines Werkstücks nicht an einer Stelle, sondern nacheinander an mehreren Stationen erfolgt. Im Gegensatz z. B. zum Revolver-Drehautomaten wandert nicht das Werkzeug zum Werkstück, sondern das Werkstück zum Werkzeug. Die Positionierung kann durch geradliniges Verschieben des Werkstückträgers („in line“), durch Drehung um eine vertikale Achse (Drehtisch) oder durch Drehung um eine horizontale Achse (Trommel) vorgenommen werden.

Mehrwegemaschinen sind solche, bei denen das Werkstück in gleicher Position eine Bearbeitung von mehreren Seiten erfährt. So gibt es z. B. Zwei-, Drei- oder Vierwege-Maschinen. Weiter sind Kombinationen möglich durch Aufbau von Mehrwege-Mehrstationen-Maschinen.

Verkettete Maschinen sind Maschinen gleicher oder ungleicher Art, die durch eine automatische Transporteinrichtung so miteinander verbunden sind, daß die von einer Maschine ausgeworfenen bearbeiteten Teile der nächsten zu weiterer Bearbeitung zugeführt werden, ohne einem bestimmten Transferhub zu unterliegen. Sie sind in der Regel keine Sondermaschinen im Sinne dieses Buches.

Transfermaschinen, -straßen und -anlagen sind aus der Aneinanderreihung von Maschinen in der Arbeitsfolge entstanden, in dem der Transport von Station zu Station mit einem bestimmten Transferhub automatisiert wurde. Die Stationen sind nicht nur Bearbeitungsstationen. Davor, dazwischen und dahinter können Lade-, Spann-, Ausricht-, Wende-, Meß-, Löse-, Wasch-, Entladestationen u. ä. geschaltet sein. Transfermaschinen können ausgesprochene Einzweckmaschinen sein. Sie können jedoch auch mit Hilfe von Baueinheiten zwecks flexiblerer Umbaumöglichkeit erstellt werden.

1.2 Anwendungsgebiete

Auf Sondermaschinen hergestellte Werkstücke werden in immer größerer Vielfalt von den meisten metallverarbeitenden Industriezweigen gefordert. Zum Beispiel dehnt sich ihr Anwendungsgebiet in der Autoindustrie besonders schnell aus. Die Autoindustrie ist überhaupt eine der wichtigsten Industriegruppen (auch für die Hersteller der Sondermaschinen, die zum größten Teil von ihren Aufträgen leben), die in moderner Großserienfertigung vorangehen. Die Schwierigkeiten der Arbeitsverfahren infolge erhöhter Toleranzansprüche bei der Herstellung der Einzelteile stellen hier besonders dem Sondermaschinenbau laufend neue Aufgaben. Dabei verlangt die allgemeine technische Entwicklung in dieser Industriegruppe die Möglichkeit besonders rascher Umstellungen des Produktionsprogramms.

So hat sich die französische Autofirma Renault diesen Umstand zu eigen gemacht und einen eigenen Sondermaschinenbau aufgezogen, um möglichst viele Werkstücke auf Sondermaschinen und Transferstraßen eigner Fabrikation herzustellen. Durch weitgehende Normung aller Bauteile, wie Arbeitseinheiten, Tischeinheiten, Ständereinheiten, Vorschubeinheiten, Werkstückträger usw., ist bei Umkonstruktion eines Autoteiles die Gewähr gegeben, in kürzester Zeit die „veraltete“ Sondermaschine in eine „neue“ Sondermaschine, die den Gegebenheiten des veränderten Werkstückes angepaßt ist, umbauen zu können.

In der Autoindustrie werden u. a. folgende Teile auf Sondermaschinen hergestellt:

Zylinderblöcke und -köpfe, Ölwannen, Kupplungsgehäuse, Getriebegehäuse und -deckel, Kurbelgehäuse, Hinter- und Vorderachsgehäuse, Pleuelstangen und -deckel, Hinterachs-Tragrohre und -brücken, Achsschenkel, Ausgleichsgetriebe-Gehäuse, Kurbelwellen, Gelenkringe, Lkw-Hinterachsen, Radnaben, Auspuffkrümmer, Lenkstock- und Lenkzwischenhebel, Kipphebel und Kipphebelböcke, Vorderradträger, Saugrohre, Ölpumpengehäuse und -deckel, Hauptbremszylinder, Traktoren-Kupplungsgehäuse, Lagerbügel, Traghebel, Bremsbacken, Vergasergehäuse, Pkw-Schaltrasten, Lenkgehäuse, Keilhülsen, Getriebe-Synchronringe, Kolben, Schaltgabel, Scheibenwischerlager, Kupplungspedale, Handschalthebel, Federlaschen usw.

Diese unvollständige Übersicht soll nur die Vielfalt der Teilefertigung demonstrieren. Ähnlich zahlreich sind die Möglichkeiten für den Einsatz von Sondermaschinen — um weitere Beispiele zu nennen — in der Zweirad-, Elektro-, Kompressoren-, Armaturen-, Textilmaschinen-, optischen, feinmechanischen und wehrtechnischen Industrie.

1.3 Rationalisierung durch Automatisierung

Als Schrittmacher jeder Massenanfertigung sind die Sondermaschinenhersteller maßgebend am Vormarsch der Automaten beteiligt. Für sie handelt es sich bei der Automatisierung um die konsequente Fortsetzung des Bestrebens, immer mehr Arbeitsgänge auf einer Maschine zu vereinigen oder mehrere Maschinen zu Arbeitsstraßen zusammenzufügen. Tätigkeiten wie das Einrichten, das Zu- und Abführen des Werkstücks, Auslösungs-, Lenkungs- und Fördervorgänge sowie die Wartung, Kontrolle und Auswertung, bei denen bisher jeweils ein Bedienungsmann oder mehrere mitwirken mußten, werden in die Maschine selbst verlegt. Die dadurch frei gewordene menschliche Arbeitskraft kann nun auf solchen Gebieten angesetzt werden, wo Verstand, Geschicklichkeit und Urteilskraft unentbehrlich sind. Der mit der Automatisierung eingeleiteten Entwicklung ist es zuzuschreiben, daß der Mensch nicht mehr „wie eine Maschine“ arbeiten muß, sondern daß es mehr und mehr seine ausschließliche Aufgabe wird, „mit der Maschine“ zu arbeiten.

Gewiß spielt sich die „Freisetzung" von Arbeitern als Folge einer Automatisierungs-Investition in der Praxis nicht immer so harmlos ab wie im gesamtwirtschaftlichen Denkmodell. Für manchen Betroffenen bedeutet sie, daß er die erlernten Fertigkeiten nicht mehr ausüben kann und noch einmal von vorne anfangen muß. Wenn man aber zu den Automatisierungsvorteilen „ja" sagt, so muß man eben auch das Freisetzungsrisiko in Kauf nehmen. Eine vollständige Absicherung gegen dieses Risiko gibt es nicht, es sei denn in der Form des vollständigen Verzichts auf technischen Fortschritt.

Im Streit über die Folgen der Automatisierung für den Arbeiter wird allzu selten daran gedacht, daß es ja auch Fachleute geben muß, die Automaten bauen — eben in der Maschinenindustrie, deren Aufgabe es ist, alle übrigen Industriezweige mit solchen automatisierten Fertigungsmitteln auszurüsten. In dieser Industrie wird man in Zukunft ganz gewiß nicht weniger, sondern mehr gründlich und vielseitig ausgebildete Fachkräfte brauchen, um die gestellten Anforderungen zu bewältigen. So sehr durch Automatisierung in den Anwenderbetrieben die Tätigkeit des Arbeiters vereinfacht wird, so viel komplizierter und verantwortungsvoller wird sie dort, wo Automaten entstehen. Wem sich in einem automatisierten Betrieb keine Gelegenheit mehr bietet, einen seinem beruflichen Ehrgeiz entsprechenden Arbeitsplatz zu finden, dem wird er im Sondermaschinenbau ganz bestimmt geboten werden können.

Aus den häufig sehr engen Kontakten zwischen Herstellern und Abnehmern entspringen Motivation und Ansätze zu Entwicklungs- und Forschungsaufgaben. Denn den wechselnden Bedingungen und Wünschen auf der Anwendungsseite kann der Maschinenbau mit mehr oder weniger abgewandelten Grundkonstruktionen allein nicht gerecht werden. Vielfach sind neue Konzeptionen erforderlich, die aber erst entwickelt werden können, nachdem die Anwendbarkeit neuer Verfahrensweisen und Funktionsprinzipien untersucht ist. Entwicklung, Zweckforschung und Neukonstruktion gehen ständig ineinander über und lassen sich meist gar nicht genau gegeneinander abgrenzen.

1.4 Normung der Sondermaschinen

Die allgemeine Entwicklung, die zu erstellenden Sondermaschinen vornehmlich aus Baueinheiten zusammenzusetzen, mußte zwangsläufig zu einer Vereinheitlichung in den Hauptabmessungen der Baueinheiten führen. Die meisten Sondermaschinen-Hersteller, die ihre Einheiten baukastenmäßig gestalten wollten, sahen sich aus technischen und wirtschaftlichen Gründen genötigt, zunächst zu einer Werksnorm zu schreiten. In den meisten Fällen reichte das nicht aus, da durch die Notwendigkeit von Fertigungsumstellungen und dem hierdurch bedingten Austausch von Einheiten für verschiedene Bearbeitungsvorgänge zwingend eine Forderung nach einer *übergeordneten* Bauvorschrift oder Norm entstehen mußte. Die in den Jahren 1943 bis 1945 auf diesem Gebiet geschaffenen Einheitsblätter wurden nach dem Kriege zurückgezogen, bildeten aber für viele

Hersteller den Grundstock für eine Werksnorm und werden heute noch hier und da als Fertigungsgrundlage benutzt.

In der Bundesrepublik Deutschland war es nun der Ausschuß „Automatisierung in der Fertigung" der VDI-Gesellschaft „Produktionstechnik (ADB)", der sich erneut mit diesen Problemen befaßte und zuerst in einer Reihe von VDI-Richtlinien Begriffe, Kennzeichen, Anforderungen sowie Baurichtlinien, Baugrößen und Anschlußmaße festlegte. Der größte Teil dieser Richtlinien, insbesondere diejenigen über Aufbaumaschinen und Baueinheiten, wurden zwischenzeitlich vom Fachnormenausschuß „Werkzeugmaschinen" im Deutschen Normenausschuß (DNA) überarbeitet und zunächst als Vornorm und dann später zum Teil als endgültiges DIN-Blatt herausgegeben. Hierbei mußte Rücksicht genommen werden auf ISO-Arbeiten (ISO: International Standardisation Organisation). Die wichtigsten Normen sind nachstehend der Gliederung des Abschnitts 2 zugrundegelegt.

2 Baueinheiten

Nachfolgend werden die Baueinheiten für Werkzeugmaschinen und zwar insbesondere die „Ständereinheiten“ beschrieben, wie sie in den DIN-Normen DIN 69513 bis DIN 69572 enthalten sind. Bei vielen größeren Herstellern sind sie in Gußkonstruktion ausgeführt, während kleinere Unternehmen, die den Sondermaschinenbau nicht in großem Stile betreiben, Schweißkonstruktionen bevorzugen. Letztere haben den Vorteil, daß sie nicht an bestimmte Formen und Abmessungen gebunden sind und und Sonderausführungen in jedem Falle berücksichtigen können.

Gewisse Arten von Ständereinheiten werden auch als Unterbauten bezeichnet, womit alle diejenigen Teile von Sondermaschinen gemeint sind, auf denen ihre beweglichen Teile wie Schlitten-, Bearbeitungs-, Antriebseinheiten u. ä. gelagert werden, also Mitten-, Seiten-, Ständereinheiten, Anpaß- und Verbindungsteile, Untergestelle und Aufbauten.

2.1 Mitteneinheiten für Rundschalttisch-Einheiten

Mitteneinheiten nach DIN 69513 bilden gewissermaßen das Kernstück der Maschine, um das sich alles andere aufbaut. Die Stabilität und Steifigkeit der Mittelteile ist ausschlaggebend für das genaue Arbeiten der Maschine. Denn sie haben einmal die Seitenteile mit den darauf montierten Vorschub- und Bearbeitungseinheiten über feste Fugen starr verbunden zu halten, zum anderen dienen sie zur Aufnahme des Werkstückträgers (im vorliegendem Falle eines Rundschalttisches) auf Verstellfugen. Die DIN-Norm 69513 zeigt Mitteneinheiten mit vier, fünf, sechs, sieben oder acht Anstellflächen (Bild 2.1). Ein Anwendungsbeispiel zeigt Bild 2.2. Der im Inneren verbleibende Raum der Mitteneinheiten kann für weitere Funktionen wie Späneabfuhr und ggf. Rückführung von Schmier- und Kühlflüssigkeit genutzt werden.

2.2 Rundschalttisch-Einheiten

Rundschalttisch-Einheiten nach DIN 69514 führen bei Betätigung ihres Antriebes eine Drehung um einen bestimmten Winkel aus, dessen Größe von der Bauweise der Maschine abhängt. Sie bringen damit das zu bearbeitende Werkstück in die jeweils folgende Arbeitsstellung und nach

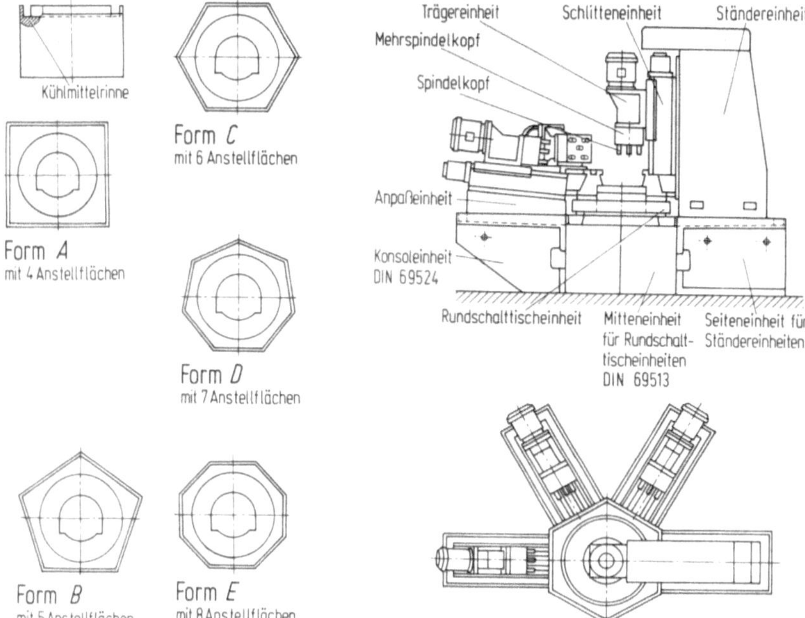

Bild 2.1. Mitteneinheiten für Rundschalttisch-Einheiten

Bild 2.2. Anwendungsbeispiel für Mitteneinheit

Beendigung des Arbeitsprozesses in die Entladestation. Die Rundtische sind mit und auch ohne Mitteneinheiten funktionsfähig. Die häufigsten festen Stellungen werden bei 3er bis 8er-Teilung eingenommen. Als Fortschaltorgan wird oft ein Malteserkreuz-Getriebe verwendet. Zur Stellungssicherung dient entweder ein Indexstift oder eine Hirth-Stirnverzahnung. Die Tischdurchmesser sind von 620 bis 2500 mm genormt.

Die Arbeitslage ist immer waagerecht. Die Zuführung von Drucköl für Vorrichtungen muß durch die Tischachse möglich sein. Ebenfalls muß eine axiale Klemmung der Tischplatte durch Drucköl, Druckluft oder Elektromagnet vorgesehen sein. Bei den hydraulischen Rundschalttischen schwankt die kürzeste Schaltzeit zwischen 3,5 und 2 s, wobei die höhere Teilungszahl eine kürzere Schaltzeit erzielt.

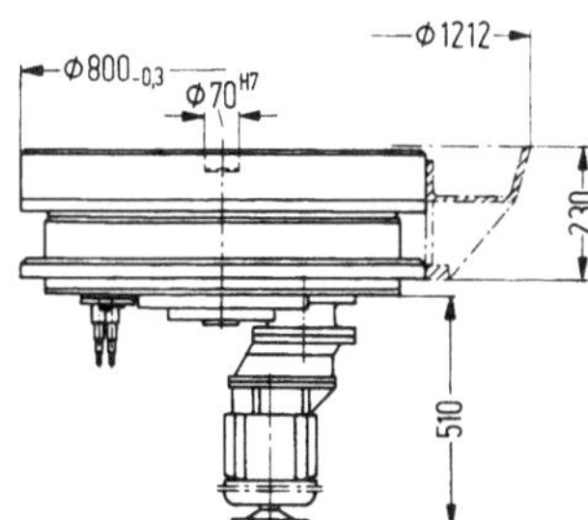

Bild 2.3. Elektromechanischer Rundschalttisch MR 800 (Haaf, München)

Einen elektromechanischen Rundschalttisch mit 800 mm ∅ zeigt Bild 2.3 (Werksnorm).

2.3 Mitteneinheiten für Ein- und Mehrwegemaschinen

Mitteneinheiten nach DIN 69520 (Bild 2.4) werden für Ein- und Mehrwegemaschinen verwendet und dienen zum Anbau von Seiten- und Konsoleinheiten und zur Aufnahme von Werkstückträgern gemäß Anwendungsbeispiel Bild 2.5. Die Breiten liegen bei 600, 800, 1000 und 1200 mm. Die Längen sind je nach Breite zwischen 600 und 2000 mm genormt. Die Höhe ist bei allen Baugrößen mit 710 mm festgelegt.

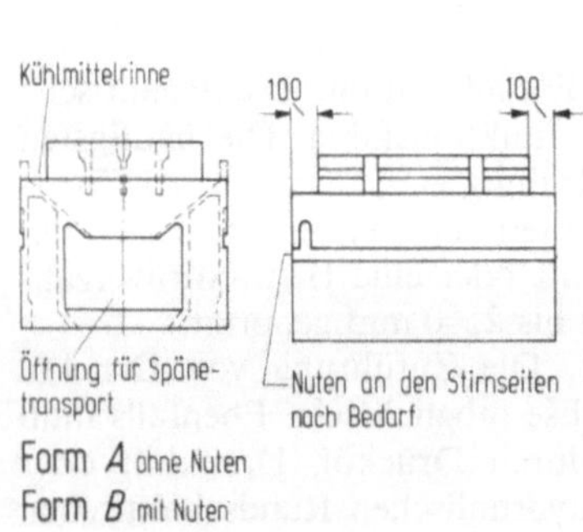

Bild 2.4. Mitteneinheit für Ein- und Mehrwegemaschinen

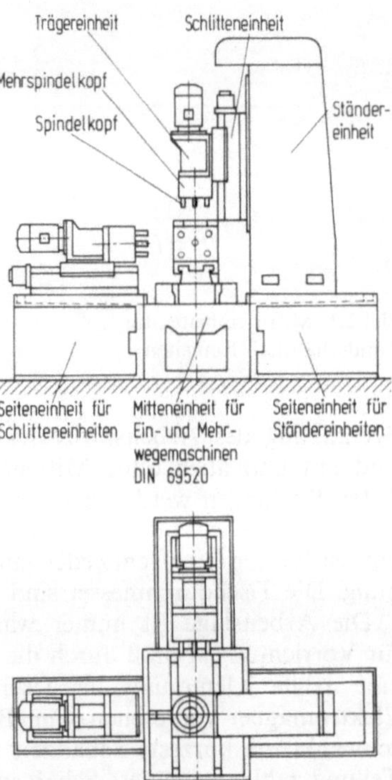

Bild 2.5. Anwendungsbeispiel für Mitteneinheit

2.4 Mitteneinheiten für Transfermaschinen

Mitteneinheiten nach DIN 69521 (Bild 2.6) werden für Transfermaschinen verwendet und dienen zum Anbau von Seiten- und Konsoleinheiten und zur Aufnahme von Werkstückträgern gemäß Anwendungsbeispiel Bild 2.7. Über die Abmessungen gilt dasselbe wie für die Mitteneinheiten nach DIN 69520.

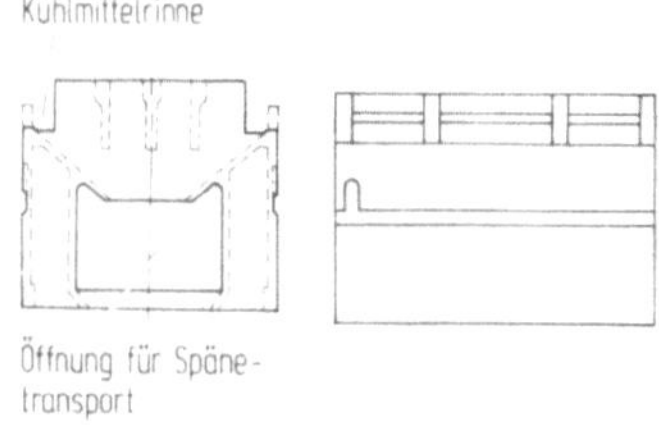

Bild 2.6. Mitteneinheit für Transfermaschinen

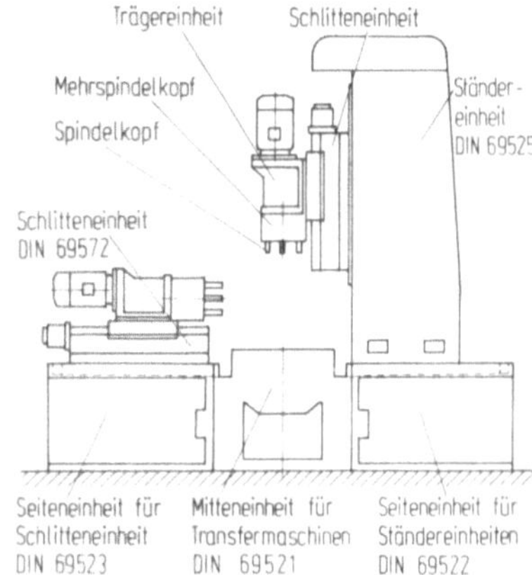

Bild 2.7. Anwendungsbeispiel für Mitteneinheit für Transfermaschinen

2.5 Seiteneinheiten für Ständereinheiten

Seiteneinheiten nach DIN 69 522 (Bild 2.8) werden an Mitteneinheiten z. B. für Ein- und Mehrwegemaschinen oder Transfermaschinen angebaut und dienen zur Aufnahme von Ständer-Einheiten und ähnlichen Bauteilen. Anwendungsbeispiel siehe Bilder 2.2, 2.5, 2.7. Die Nennbreiten sind mit 250, 320, 400, 500, und 630 mm festgelegt. Die Höhe ist mit 630 mm genormt, in Ausnahmefällen mit 560 mm. Die Höhen- und Seitenausrichtung kann entweder durch Kegelstifte nach Wahl des Herstellers oder durch Nut und Paßfeder erfolgen.

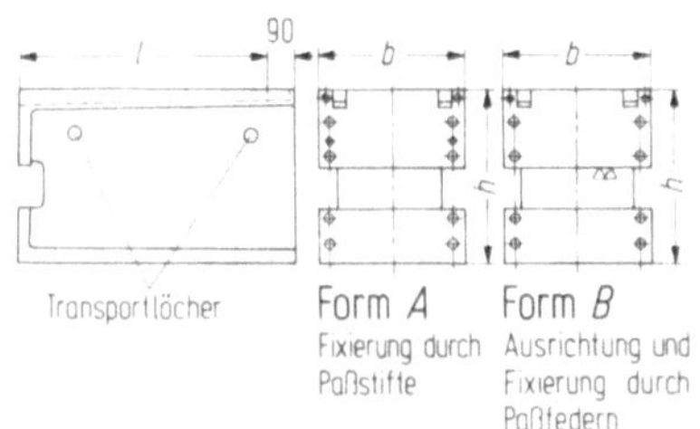

Bild 2.8. Seiteneinheit für Ständereinheiten

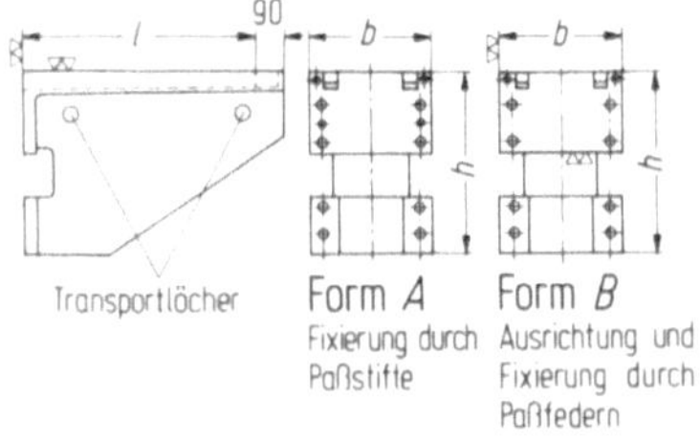

Bild 2.9. Konsoleinheit

2.6 Seiteneinheiten für Schlitteneinheiten

Diese Einheiten nach DIN 69 523 ähneln den Einheiten nach DIN 69 522, lediglich kommt noch die Nennbreite 800 mm hinzu. Die Gesamtlänge (Nutzlänge) kann bis zu 2100 mm betragen. Anwendungsbeispiele siehe Bilder 2.5 und 2.7.

2.7 Konsoleinheiten

Konsoleinheiten nach DIN 69524 (Bild 2.9) werden an Mitteneinheiten z. B. für Ein- und Mehrwegemaschinen oder Transfermaschinen angebaut und dienen zur Aufnahme von Schlitteneinheiten und ähnlichen Bauteilen. Anwendungsbeispiel siehe Bild 2.2. Die Nennbreiten sind 125, 160, 200, 250 und 320 mm. Die Höhe entspricht den Maßen der Seiteneinheiten.

2.8 Ständereinheiten

Ständereinheiten nach DIN 69525 (Bild 2.10) dienen zur Aufnahme von Schlitteneinheiten und ähnlichen Bauteilen. Sie werden auf Seiteneinheiten und gegebenenfalls auf Anpaßteilen aufgesetzt. Anwendungsbeispiele siehe Bilder 2.2, 2.5, 2.7. Die Normbezeichnung bezieht sich auf Nennbreite und Bauhöhe. Insgesamt sind acht Baugrößen genormt mit Nennbreiten von 125 bis 630 mm und Bauhöhen von 1000 bis 2400 mm.

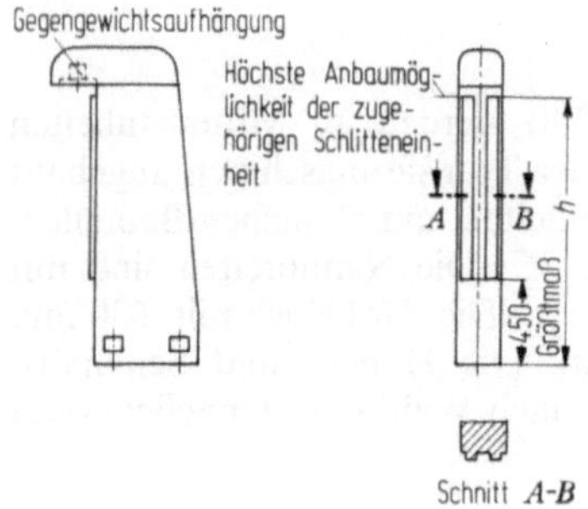

Bild 2.10. Ständereinheit

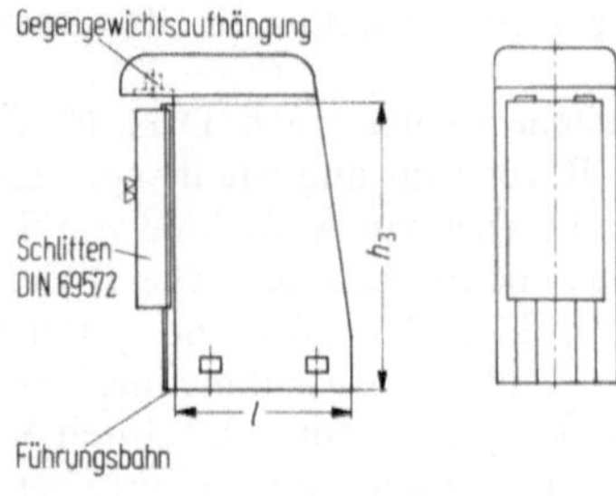

Bild 2.11. Schlittenständereinheit

Schlittenständer-Einheiten nach DIN 69526 (Bild 2.11) dienen zur Aufnahme von Arbeitseinheiten und ähnlichen Bauteilen und bilden zusammen mit dem Schlitten ein einheitliches Ganzes. Sie werden auf Seiteneinheiten und gegebenenfalls auf Anpaßteile aufgesetzt. Der Hub entspricht dem der Schlitteneinheiten. Genormt sind nur die Nennbreiten 500 und 630 mm. Bei beiden Größen kann zwischen den Hüben 400 und 630 mm gewählt werden. Anwendungsbeispiel siehe Bild 2 2.

2.9 Schlitteneinheiten

Schlitteneinheiten nach DIN 69572 werden auf Seiteneinheiten, an Ständereinheiten und ähnlichen Bauteilen auf- bzw. angebaut und dienen vorwiegend zur Aufnahme von Arbeitseinheiten. Schlitteneinheiten sind in acht Baugrößen genormt. Ihre Bezeichnungen beziehen sich auf Nennbreite und Hub. Zu jeder Nennbreite zwischen 125 und 630 mm stehen wahlweise zwei Hublängen zur Verfügung. Die Hübe liegen zwischen 160 und 630 mm. Die Nennbreite ist die größte nutzbare Auflagebreite. Sie entspricht z. B. der Nennbreite der Bohrkopfträgereinheiten. Anwendungsbeispiele siehe Bilder 2.2, 2.5, 2.7. Eine hydraulische Schlitteneinheit zeigt Bild 2.12 (Werksnorm).

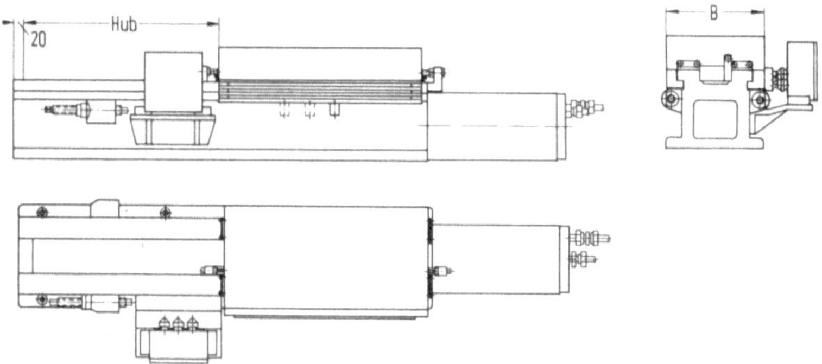

Bild 2.12. Schlitteneinheit (Haaf, München)

Takttischeinheiten, meistens hydraulisch gesteuert, können als Träger von Spanneinrichtungen oder Bearbeitungseinheiten für die verschiedensten Bearbeitungsaufgaben wirtschaftlich eingesetzt werden, und zwar für Werkstücke, die mit wenigen Arbeitsgängen fertiggestellt werden können. Neben der Taktpositionierung (mit unterschiedlichen Hüben) soll der Tisch auch Bearbeitungsvorschübe z. B. für Fräsoperationen ausführen. Der Mindestabstand zwischen zwei Fixierpunkten beträgt je nach Takttischgröße 45 bis 60 mm. Der Schlitten wird während des Arbeitsvorganges durch mehrere, meist hydraulische Spannelemente gespannt. Bild 2.13 zeigt eine hydraulische Takttischeinheit. Eine DIN-Normung ist dem Verfasser nicht bekannt, lediglich haben einige Hersteller analog zu den Schlitteneinheiten eine Werksnorm erstellt.

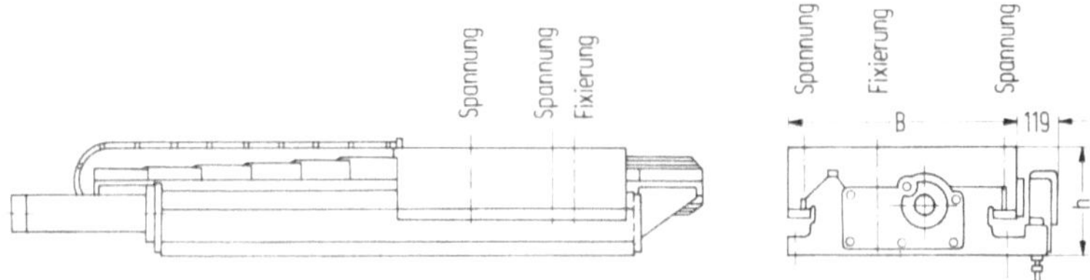

Bild 2.13. Hydraulische Takttischeinheit

2.10 Anpaßteile für Seiteneinheiten

Anpaßteile haben die Aufgabe, bei Montage der Schlitteneinheiten, auf denen die Arbeitseinheiten sitzen, die für den jeweiligen Zweck erforderliche

Lage zu sichern. Sie sind also Zwischenglieder zwischen der Seiteneinheit, ggf. auch der Ständereinheit, und der auf ihr zu führenden Schlitteneinheit. Der Aufgabe entsprechend erfolgt die völlig freie Gestaltung der Anpaßteile so, daß sie einerseits eine starre Verbindung mit der Seiteneinheit bilden, andererseits für die Schlitteneinheit eine feste Basis in der dem Arbeitszweck gemäßen Lage ergeben. Anpaßteile können für horizontale und vertikale Schlitteneinheiten, zum Höhenausgleich auch, kombiniert mit einem Keilstück (Bild 2.2), für eine bestimmte Winkellage eingesetzt werden.

2.11 Verbindungsteile

Aufgabe der Verbindungsteile ist es, bei Transfermaschinen und -straßen eine „Brücke" zwischen den einzelnen Mitteneinheiten zu bilden und so eine feste durchgehende Linie für den Transport der zu bearbeitenden Werkstücke von Station zu Station herzustellen. Gleichzeitig dienen sie dazu, einen solchen Abstand der Mitteneinheiten voneinander zu halten, daß die in der Norm vorgeschriebene lichte Weite von mindestens 500 mm zwischen den auf Seiteneinheiten montierten Arbeitseinheiten gewährleistet ist.

Zweckmäßig erfolgt der Anbau der Verbindungsteile an die Mitteneinheiten in derselben Art wie der der Seiteneinheiten an die Mitteneinheiten.

2.12 Schalttrommeleinheiten

Trommeleinheiten (Bild 2.14) haben im Prinzip die gleiche Aufgabe zu erfüllen wie die Rundschalttische, jedoch mit dem wesentlichen Unter-

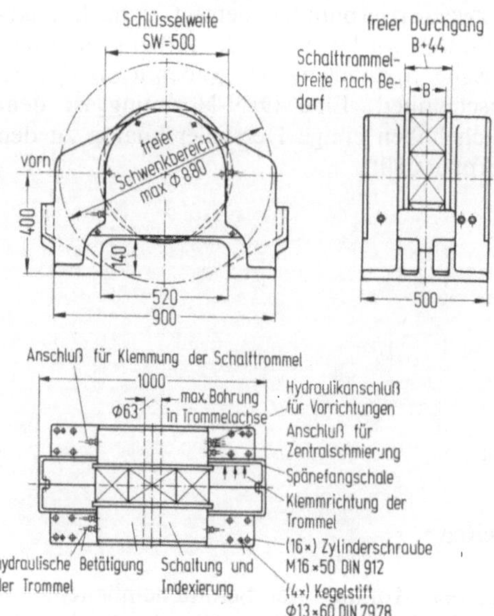

Bild 2.14. Schalttrommeleinheit

schied, daß im Gegensatz zur senkrechten Tischachse die Trommelachse waagerecht liegt. Das ermöglicht eine konstruktive Anordnung der Arbeitseinheiten in der Maschine, die eine gleichzeitige Bearbeitung sich gegenüberliegender Seiten zuläßt. Die Schalttrommeleinheiten sind üblicherweise elektrohydraulisch gesteuert. Sie sind je nach Erfordernis als Drei-, Vier-, Fünf- bis Achtkant ausgebildet und dienen zur Aufnahme der Spannfutter oder Spannvorrichtungen. Druckluft, Drucköl oder Kühlmittel muß durch die Trommelachse zugeführt werden. Die Trommel wird über eine Teilscheibe geschaltet und durch einen Indexstift fixiert sowie axial geklemmt. Werden extrem hohe Schaltgenauigkeiten gefordert, so wird mittels Stirnverzahnung geteilt. Die Bezeichnung einer Schalttrommeleinheit wird der „Schlüsselweite" der Trommel entnommen. Eine Schlüsselweite von 500 mm ist üblich bei einer Teilungsmöglichkeit von 4, 5 oder 6. Die Schaltzeiten für eine Teilschaltung schwanken zwischen 2,4 und 3,2 s.

3 Arbeitseinheiten

Arbeitseinheiten sind Spindeleinheiten mit umlaufender Bewegung des Werkzeugs. Die Werkzeugdrehung wird von einem Antriebsaggregat (in der Regel Elektromotor, ggf. auch Druckluftmotor) über ein geeignetes Getriebe auf die Spindel übertragen, die ihrerseits den Werkzeugspanner trägt. So werden bestimmte Einheiten ausschließlich als Bohr-, Gewindeschneid- oder Fräseinheiten usw. ausgelegt.

Als Spindeleinheiten werden häufig die vollständigen Arbeitseinheiten mit umlaufendem Werkzeug bezeichnet. Bei einem Teil der Einheiten ist diese Zusammenfassung funktionsmäßig bedingt und kommt daher in der konstruktiven Ausführung so zum Ausdruck, daß wirklich von einer „Einheit" gesprochen werden muß. Einige namhafte Hersteller sind jedoch in konsequenter Durchführung des Baukastenprinzips so weit gegangen, daß sie unter der Spindeleinheit nur die Spindel selbst mit Lagerungen und Gehäuse — was sonst auch als Spindelstock bezeichnet wird — verstehen und wahlweise verschiedene Getriebeeinheiten auf der Antriebsseite davorschalten können, die ihrerseits wieder von einem auszuwählenden Motor angetrieben werden. Auf der Abtriebsseite lassen sich unterschiedliche Werkzeugspanner und Werkzeuge anbringen.

Für Arbeitseinheiten gibt es DIN-Normen, die zum Teil als endgültige Norm oder als Vornorm vorliegen. Man unterscheidet

- einspindelige Einheiten ohne Eigenvorschub (Pinole in Achsrichtung nicht verschiebbar, Vorschub durch Schlitteneinheit mit eigenem Vorschubantrieb);
- einspindelige Einheiten mit Eigenvorschub in Achsrichtung (Pinolenvorschub);
- Mehrspindeleinheiten.

Im folgenden werden die verschiedenen Einheiten nach der DIN-Blattnummer aufgeführt.

3.1 Trägereinheiten mit Motor und Vorgelege

Trägereinheiten nach DIN 69610 werden auf Schlitteneinheiten und ähnlichen Bauteilen auf- bzw. angebaut und dienen vorwiegend zur Aufnahme von Mehrspindelköpfen. Anwendungsbeispiel siehe Bild 3.1. Die Trägereinheiten sind in vier Baugrößen genormt. Die Normbezeichnung enthält die Nennbreite als größte nutzbare Auflagebreite (125, 160, 200 und

250 mm). Sie entspricht den Nennbreiten der Schlitteneinheiten nach DIN 69572. In der Typnorm für Trägereinheiten (Rahmennorm) sind nur die einzuhaltenden wesentlichen Haupt- und Anschlußmaße der verschiedenen Baugrößen festgelegt. Besondere konstruktive Eigenheiten werden dadurch nicht betroffen. Die Ausführung der Trägereinheiten braucht der bildlichen Darstellung nicht zu entsprechen.

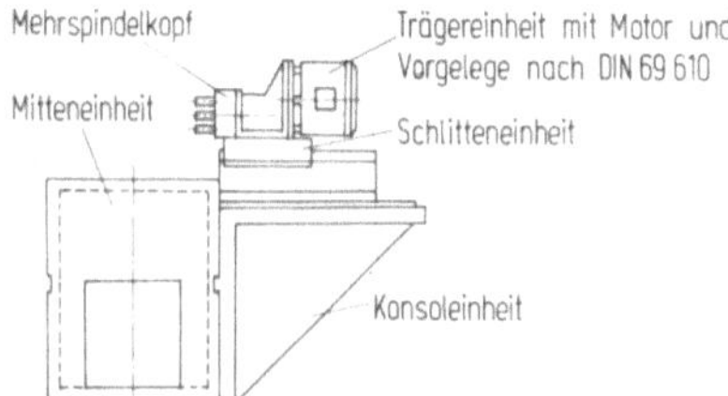

Bild 3.1. Anwendungsbeispiel für Trägereinheit mit Motor und Vorgelege

Trägereinheiten mit Motor und Kupplung sind nach DIN 69611 (Vornorm) genormt, zu der noch Vorbehalte hinsichtlich der Anwendung bestehen. Es soll versuchsweise danach gearbeitet werden. Im übrigen gilt dasselbe wie unter DIN 69610, lediglich sind hier die größeren Typen genormt, nämlich die Baugrößen 320, 400, 500, 630 und 800 mm.

3.2 Mehrspindelköpfe für Trägereinheiten mit Motor und Vorgelege

Mehrspindelköpfe nach DIN 69620 werden vorwiegend an Trägereinheiten angebaut. Mit angeflanschtem Motor können sie auch direkt auf den Schlitteneinheiten angebracht werden. Trägereinheiten sind in vier Baugrößen genormt, nämlich mit Nennbreiten von 125, 160, 200 und 250 mm. Weitere Einzelheiten siehe Abschnitt 3.3.

Mehrspindelköpfe für Trägereinheiten mit Motor und Kupplung nach DIN 69621 sind Trägereinheiten nach DIN 69611 mit den Nennbreiten 320, 400, 500, 630 und 800 mm zugeordnet. Ihre Ausführung braucht der Darstellung nach Bild 3.2 nicht zu entsprechen.

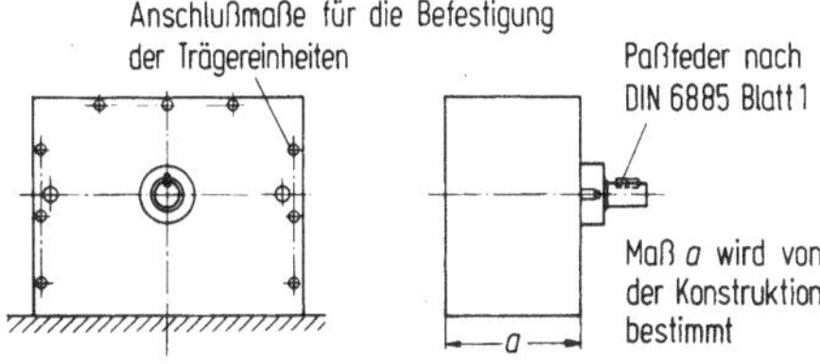

Bild 3.2. Mehrspindelkopf für Trägereinheit

Mehrspindelköpfe für Trägereinheiten mit Motor und Zahnradübertragung nach DIN 69622 sind Trägereinheiten nach DIN 69612 mit den Nennbreiten

320, 400, 500, 630 und 800 mm zugeordnet. Im übrigen gilt das in den vorangegangenen Abschnitten über Mehrspindelköpfe Gesagte. Ausführungsbeispiele siehe Bild 3.3.

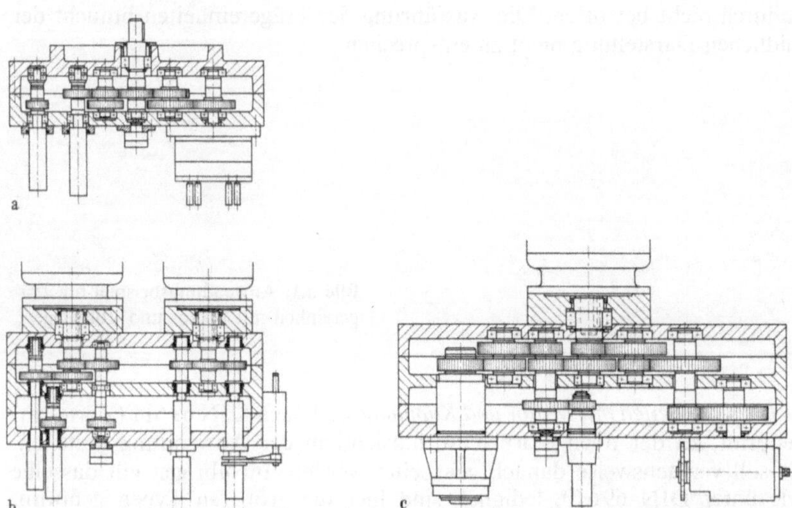

Bild 3.3a—c. Drei Beispiele verschiedener Mehrspindelköpfe (Hüller, Ludwigsburg). **a** einfacher Kopf mit kugelgelagerten Spindeln und einem Aufsatzkopf mit Kleinspindeln, Anschluß an Bohrkopfträger DIN 69610, **b** kombinierter Kopf mit Direktantrieb durch zwei Motorenseparate für Bohren und Gewindeschneiden, nadelgelagerte Bohrspindeln für enge Abstände, **c** kombinierter Kopf mit Bohrspindeln justierbar, Drehspindel und einem Winkelfräskopf

3.3 Mehrspindeleinheiten

Häufig sind zwei oder mehrere gleiche Löcher zu bohren, gleiche Gewinde zu schneiden oder ähnliche Arbeiten zu verrichten, die am wirtschaftlichsten gleichzeitig ausgeführt werden. Zu diesem Zweck schuf man Einrichtungen mit mehreren Arbeitsspindeln, die gemeinsam angetrieben werden, so daß eine erhebliche Ersparnis an Arbeitszeit erzielt wird. Im Lauf der Entwicklung wurden diese Einrichtungen so gestaltet, daß auch verschiedene Lochdurchmesser gebohrt und Gewinde unterschiedlicher Steigungen zugleich geschnitten werden können, in dem den Spindeln unterschiedliche Drehzahlen und gegebenenfalls Vorschübe zugeordnet werden.

Zahlreich sind die Ausführungen von *aufsetzbaren Mehrspindelköpfen* zum Bohren, Ausbohren, Senken, Reiben und Gewindebohren, die sowohl an Standardmaschinen als auch an Spindeleinheiten von Sondermaschinen austauschbar angebracht werden können. Als Träger kommen für sie die Trägereinheiten der Vornormen DIN 69610, 69611 und 69612 sowie für die Außen- und Anschlußmaße der Mehrspindelköpfe die Normentwürfe DIN 69620, 69621 und 69622 in Betracht.

Mehrspindelköpfe mit Verteilgetriebe tragen im einfachsten Fall zwei Spindeln mit starrem Abstand. Die Spindelzahl kann jedoch, wenn die Köpfe an Maschinen bzw. an Bohrkopfträgern mit ausreichend hoher Antriebsleistung verwendet werden, ganz erheblich, z. B. bis auf 60 und mehr gesteigert werden (dem Verfasser sind Mehrspindelköpfe mit 150 Spindeln bekannt). Entsprechend muß natürlich das Getriebe ausgelegt sein, um auch für Bohrer unterschiedlicher Durchmesser passende Drehzahlen zu erreichen. Die Getriebeanordnung bedingt in den meisten Fällen ein festes Bohrbild und wird für dieses ausgearbeitet. Daher eignen sich diese Köpfe speziell für die Fertigung in großen Serien. Die Anordnung der Spindeln erfolgt in einer oder mehreren Geraden, in Kreisform oder nach einem besonderen, durch das Werkstück vorgegebenen „Lochbild".

Mehrspindelköpfe mit starrem Bohrbild gewährleisten ständige gleichbleibende Präzision. Sie können jedoch nur für ein bestimmtes Bohrbild verwendet werden. In vielen Fällen dient eine Bohrerführungsplatte zum Einhalten der Lochabstände in den vorgeschriebenen Toleranzen. Zum Gewindeschneiden werden Mehrspindelköpfe meist mit Leitpatronen ausgerüstet.

Mehrspindelköpfe mit Gelenkspindeln besitzen zwar auch ein Verteilgetriebe, wesentlich aber ist, daß die eigentlichen Arbeitsspindeln mit den zugeordneten Getriebewellen durch Gelenkwellen verbunden sind. Dadurch ist eine stufenlose Verstellbarkeit der Spindelabstände gegeben. Das Einstellen kann auf zweierlei Weise erfolgen. Einmal wird jede Spindel für sich in einem verstellbaren Spindelarm geführt. Dadurch wird die größte Freizügigkeit mit Einstellen eines Bohrbildes erzielt, so daß sich diese Ausführung vor allem für die Kleinserienfertigung eignet. Zum anderen werden die Spindeln in einer auswechselbaren Spindellagerplatte geführt, wodurch ein schnelles Umrüsten mit stets gleicher Genauigkeit gesichert ist. Allerdings ist für jedes Bohrbild eine Spindellagerplatte erforderlich.

Die *Normung* der Mehrspindelköpfe für Sondermaschinen erstreckt sich auf folgende Punkte:

1. Gehäuse, Wanddicken und Zahnradräume. Neben den in den Normentwürfen DIN 69620 bis 69622 angegebenen Außen- und Anschlußmaßen mußten auch für die Wanddicken und Zahnradräume Festlegungen getroffen werden. Ausgehend vom Platzbedarf der Lagerung für die größte Bohrspindel und Zwischenwelle wurde die erforderliche Wanddicke mit 40 mm bestimmt. Nach einer objektiven Auswertung bisher ausgeführter Mehrspindelköpfe war es zweckmäßig, je Zahnradraum drei Zahnradebenen festzulegen. Da die Zahnbreite mit 30 mm vorgesehen ist, ergibt sich unter Berücksichtigung eines ausreichenden Sicherheitsabstandes von 5 mm zu den Gehäuseinnenwänden für den Zahnradraum ein Maß von 100 mm. Durch Aufstocken des Gehäuses ist eine Erweiterung um zusätzliche Zahnradräume mit weiteren Zahnradebenen möglich.

2. Bohrspindeln zum Bohren. Die Bohrspindelköpfe sind grundsätzlich nach DIN 55058 ausgelegt. Als Bohrspindellagerung sind zwei Arten vorgesehen: nadelgelagerte und kugelgelagerte Ausführung. Bei der nadelgelagerten Ausführung dient zur Aufnahme des axialen Bohrdrucks und der Radialbelastung am Spindelschaft vorn ein kombiniertes Nadel-Axialzylinderrollenlager. Die Radialbelastung am Spindelschaft hinten wird durch ein Nadellager aufgenommen. Bei der kugelgelagerten Ausführung wird zur Aufnahme des axialen Bohrdrucks ein Axial-Zylinderrollenlager verwendet. Die Radialkräfte sowie die axialen Gewichtsbelastungen werden durch zwei Radial-Rollenkugellager aufgenommen.

3. Zwischenwellen. Die Durchmesser für die Zwischenwellen sind mit 15, 20, 25, 35, 45 und 60 mm festgelegt. Als Lagerung sind einmal Ring-Rollenlager und alternativ für enge Mittenabstände Nadel-Kugellager vorgesehen.

4. Zahnräder. Für die Zahnräder ist eine Radbreite von 30 mm und eine Zahnbreite von 28 mm vorgesehen.

5. Bohrspindeln zum Gewindebohren. Die Bohrspindeln zum Gewindebohren sind ebenfalls nach DIN 55058 ausgelegt. Für alle Spindelgrößen wurde grundsätzlich ein maximaler Hub von 55 mm vereinbart. Die Hubbewegung wird über eine Gewindeführungsbuchse und ein Gewinde auf der Bohrspindel erreicht, wobei die Bohrspindel durch eine Antriebsbuchse mit Keilprofil angetrieben wird. Als Spindelabdichtung werden Wellendichtringe der Form AS nach DIN 3760 festgelegt. Wegen der beim Gewindebohren auftretenden, relativ geringen Radialkräfte wurden als Lagerung der Antriebsbuchsen Ring-Rillenlager vorgesehen. Für enge Spindelabstände können ebenfalls wie bei den Zwischenwellen kombinierte Nadel-Kugellager verwendet werden. Weiterhin wird eine Normung bei den Antriebsarten, der Schmierung und bei den Leistungswerten angestrebt.

3.4 Bohrspindeleinheiten

Es werden hier acht Baugrößen nach DIN 69641 unterschieden mit den Nennbreiten 125 bis 630 mm, wobei hierunter wieder die größte nutzbare Auflangenbreite zu verstehen ist. In der Norm für Bohrspindeleinheiten sind nur die einzuhaltenden wesentlichen Haupt- und Anschlußmaße der verschiedenen Baugrößen festgelegt. Besondere konstruktive Eigenheiten werden dadurch nicht betroffen. Die Bohrspindeleinheiten brauchen der Darstellung von Bild 3.4 nicht zu entsprechen. Bohrspindeleinheiten werden auf Schlitteneinheiten und ähnlichen Bauteilen auf- bzw. angebaut.

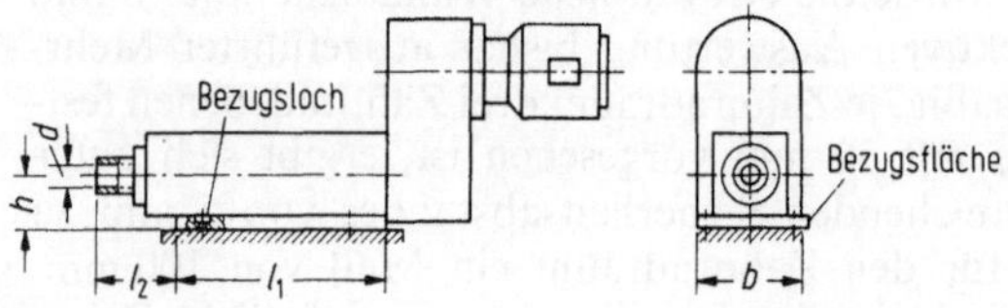

Bild 3.4. Bohrspindeleinheit

3.5 Drehspindeleinheiten

Bei den Drehspindeleinheiten nach DIN 69642 verhält es sich sehr ähnlich wie bei den Bohrspindeleinheiten (Bild 3.5). Es sind ebenfalls acht Baugrößen vorgesehen mit den gleichen Nennbreiten. Die Spindelköpfe können drei verschiedene Formen aufweisen:

Form A: Spindelköpfe mit Zentrierkegel und Flansch nach DIN 55021;

Form B: Spindelköpfe mit Zentrierkegel, Flansch und Bajonettscheibenbefestigung nach DIN 55022;

Form C: Spindelköpfe mit Camlock-Befestigung entsprechend ISO R 702-1968.

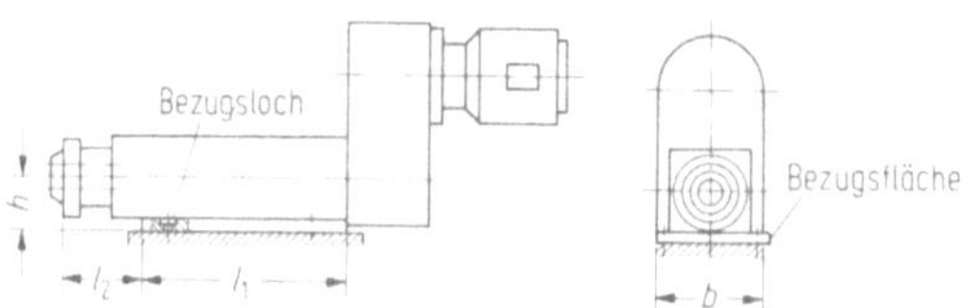

Bild 3.5. Drehspindeleinheit

3.6 Frässpindeleinheiten

Bei den Frässpindeleinheiten nach DIN 69643 (Bild 3.6) ist eine ähnliche Normung wie bei den Bohr- und Drehspindeleinheiten durchgeführt worden. Es sind ebenfalls acht Baugrößen mit denselben Nennbreiten vorgesehen. Die DIN-Beziehung bezieht sich nur auf die Einhaltung der in dieser Norm enthaltenen Maße und Angaben. Weitere technische Angaben sind zwischen Hersteller und Abnehmer zu vereinbaren. Bei den Frässpindelköpfen ist ein Steilkegel der Größen 30, 40, 50 und 60 nach DIN 2079 festgelegt worden. Bei der Wahl des Antriebsmotors kann der Hersteller zwischen Fuß- oder Flanschmotor wählen, z. B. nach DIN 42673 oder 42677.

Bild 3.6. Frässpindeleinheit, aufgebaut auf dem Seitenständer einer Langfräsmaschine (Honsberg, Remscheid)

3.7 Bohrspindeleinheiten mit Eigenvorschub

Bei diesen Einheiten nach DIN 69631 und 69632 ist der Vorschub in Richtung der Spindelachse in die Einheit selbst verlegt. Die Pinole ist in Achsrichtung verschiebbar. Eine besondere Vorschubeinheit, beispielsweise in Form eines beweglichen Schlittens mit eigenem Antrieb, entfällt also (Bild 3.7). Dadurch ist die Möglichkeit gegeben, die Einheiten fest oder verstellbar auf einem gemeinschaftlichen Unterbau zu montieren, was sich vorwiegend bei kleinen Einheiten verbilligend auf den Aufbau von Sondermaschinen auswirkt. Das gilt vor allem, wenn der Benutzer seine Fabrikationseinrichtungen selbst erstellt und wenn er damit rechnet, hin und wieder Umstellungen für die Herstellung verschiedenartiger Teile vorzunehmen.

Durch Zusatzeinrichtungen können auch die meisten Einheiten mit Eigenvorschub in jeder beliebigen Winkellage zwischen der Waagerechten und der Senkrechten benutzt werden (Bild 3.8). In DIN-Blatt 69632 sind Bohreinheiten mit Pinolenvorschub und Verstellschlitten festgelegt.

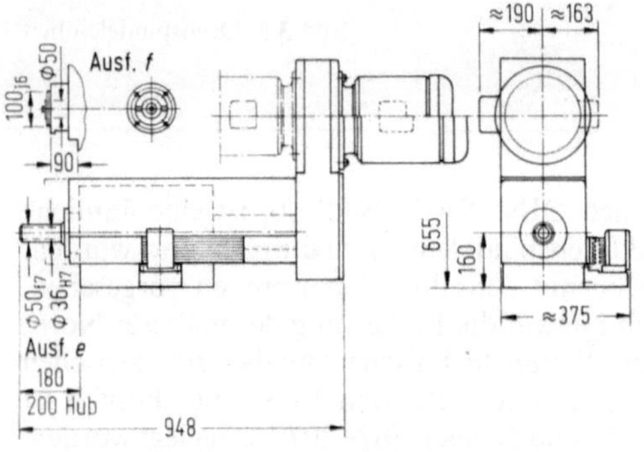

Bild 3.7. Bohrspindeleinheit mit Eigenvorschub (Haaf, München)

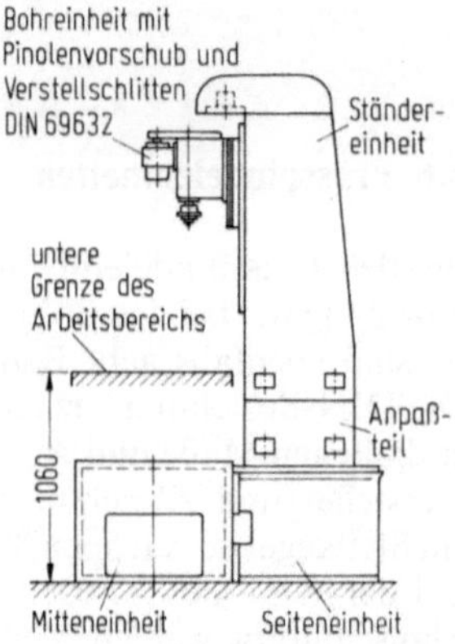

Bohreinheit mit Pinolenvorschub und Verstellschlitten DIN 69632
Ständereinheit
untere Grenze des Arbeitsbereichs
Anpaßteil
1060
Mitteneinheit
Seiteneinheit

Bild 3.8. Anwendungsbeispiel für eine Bohrspindeleinheit mit Pinolenvorschub

Eine besondere Bauform der Pinoleneinheit ist die sogenannte Steckpinole. Sie wird entweder in einen doppelwandigen Ständer eingeschoben, justiert und geklemmt oder mit einer entsprechenden Halterung an den Maschinenständer angeschraubt. Diese Einheiten können in allen Richtungen arbeiten und die am häufigsten vorkommenden Arbeitsgänge wie Bohren, Senken, Reiben, Innen- und Außendrehen, Kegeldrehen, Innen- und Außeneinstechen, mehrspindlig Bohren, Auskesseln, Gewindebohren, Gewindeschneiden usw. durchführen. Für diese Pinoleneinheiten gibt es ein großes Programm von Sonderzubehör und Werkzeugen, von denen hier Zusatzgeräte zum Einstechen von Nuten und für kleine Plandreharbeiten, Plandrehköpfe, Mehrspindelige Bohr- und Gewindebohrköpfe, Steueraggregate für selbstöffnende Gewindeschneidköpfe, Gewindestrehleinheiten (für umlaufende Werkzeuge) und schließlich Fräseinheiten herausgegriffen werden sollen.

Alle Pinoleneinheiten sind nur begrenzt einsetzbar, da sie nur über einen relativ kleinen Hub verfügen. Dieser kann nicht ohne weiteres vergrößert werden, da die Pinole sonst über ein kritisches Maß hinaus die Hülsenführung verläßt. Dafür haben sie aber einen nicht zu übersehenden Vorteil: Die Führung besteht aus der gesamten Mantelfläche der zylindrischen Hülse, und der Kraftangriffspunkt des Werkzeugs (bei einspindliger Verwendung) liegt genau im Zentrum der Pinole, wodurch ein Verkanten oder Verecken der Führung ausgeschlossen ist.

3.8 Gewindeschneideinheiten

Gewindeschneideinheiten sind meist als mechanische Aufbaueinheiten mit Leitpatronenvorschub ausgerüstet. Sie dienen zum Schneiden von Außengewinden in waagerechter und senkrechter Lage von 0,8 mm bis 4 mm Steigung, rechts- oder linksgängig. Bei Verwendung eines Mehrspindelkopfes können jedoch auch Gewinde mit kleinerer Steigung (entsprechend der Bohrkopfübersetzung) sowie Gewinde mit unterschiedlichen Steigungen gleichzeitig geschnitten werden. Über Aufbau, Steuerung und Schmierung geben die Hersteller der Gewindeschneideinheiten die erforderlichen Auskünfte. Eine mechanische Gewindeschneideinheit mit Leitpatronenvorschub zeigt Bild 3.9.

Bild 3.9. Gewindeschneideinheit (Haaf, München)

Bild 3.10. Mehrspindelige Gewindebohreinheit (Haaf, München)

3.9 Gewindebohreinheiten

Unter Gewindebohren versteht man allgemein die Herstellung von Innengewinden, während die Herstellung der Außengewinde mit Gewindeschneiden bezeichnet wird. Für Gewindebohreinheiten gilt das unter Abschnitt 3.8 Gesagte. Es stehen Einheiten mit Antriebsleistungen bis zu 9 kW zur Verfügung. Diese Leistung reicht aus, Gewinde bis zur Größe M 80 zu bohren oder zu schneiden. Die darunterliegenden Leistungsstufen sind: 4,1 kW bis M 52, 1,8 kW bis M 33 und 0,75 kW bis M 20, jeweils in Stahl. Mehrspindlige Gewindebohreinheiten werden bis zu 18 kW Antriebsleistung gebaut.

Darüberliegende Leistungen sind Sonderanfertigungen. Eine mehrspindlige Gewindebohreinheit zeigt Bild 3.10.

Im Grunde genommen werden bei den Gewindeschneid- und Gewindebohreinheiten die gleichen Bewegungen ausgeführt wie bei den Bohreinheiten. Bei den Gewindebohreinheiten jedoch ist vor allem eine genaue Umkehr der Vorschubbewegung erforderlich, um den Gewindebohrer ohne Beschädigung von Werkstück und Werkzeug wieder aus dem Gewindeloch herauszuführen. Das gilt vor allem für Sacklöcher. Bei Außengewinden kann diese Bedingung entfallen, wenn selbstöffnende Gewindeschneidköpfe verwendet werden.

Während bei manchen Einheiten für kleinere Gewindedurchmesser die Vorschubführung dem Gewindebohrer selbst überlassen wird, arbeitet der weitaus größere Teil der Gewindebohr- und sonstigen Gewindeschneideinheiten mit einer leicht auswechselbaren Leitpatrone und Mutter. Ohne diese leichte Auswechselbarkeit wären ein rasches Umrüsten der Maschine und damit die Wirtschaftlichkeit und Flexibilität in Frage gestellt.

3.10 Feinbohreinheiten

Wie bekannt, kennzeichnen hohe Spindeldrehzahlen und geringe Spanquerschnitte unter Verwendung von Hartmetall- oder Diamant-Einzelwerkzeugen das Prinzip des Feinbohrens. So verwendet man beispielsweise für Stahl Schnittgeschwindigkeiten bis 300 m/min, für Gußeisen bis 100 m/min, bei Bronze bis 450 m/min und Weißmetall bis 1000 m/min. Als Vorschub kommen z. B. für Stahl je nach Bearbeitungsaufgabe 0,004 bis 0,08 mm/U in Betracht.

Die Arbeitsaufgabe stellt an den Konstrukteur die grundsätzliche Forderung nach einem möglichst schwingungsfreien Arbeiten bei stufenlos einstellbarem Vorschub. Wenn keine einschränkenden Umstände zu berücksichtigen sind, können folgende Ergebnisse an Arbeitsgenauigkeit und Leistung erwartet werden: Oberflächenrauhigkeit 0,2 bis 2 µm je nach Werkstoff, Rundheit 1 µm; geometrische Form, Bohrungsabstand, Parallelität bei verschiedenen Bohrungen 0,005 bis 0,01 mm.

In den meisten Fällen wird die Feinbohreinheit fest auf dem Maschinenständer montiert, während das Werkstück auf einem Bohrschlitten mit besonders gestaltete Führung den Vorschub erfährt.

Die Feinbohrspindel muß frei von jedem Riemenzug und sonstigen störenden Einflüssen des Antriebes sein. Sie ist mit kleinstem Spiel in nachstellbaren Gleitlagern gelagert. Eine elektrohydrauliche Steuerung steuert Spindel und Bohrschlitten. Sie muß auch komplizierte Arbeitsabläufe selbständig durchführen, wie Eilgang vor und zurück, Vorschub, Planbewegung vor- und rückwärts, Abhebebewegung für Werkzeuge oder Werkstücke, Steuerung von weiteren auf der Maschine angeordneten Feinbohr- oder sonstigen Arbeitseinheiten usw.

Feinbohreinheiten können auch mit einer Meßsteuerung und automatischen Schneidenzustellung ausgerüstet werden. Der Fertigungsablauf ist folgender: Mit zurückgezogenen Meßtastern und vorgestellter Schneide fährt die Bohrstange in das Werkstück. Nach dem Bohren werden Werkstück und Meßtaster freigeblasen. Erst dann erfolgt das Messen. Der angezeigte Meßwert wird am Steuerpult gespeichert. Danach wird die Schneide zum Verhindern von Beschädigungen an Werkstück und Schneide zurückgestellt und der Werkzeugschlitten in seine Grundstellung zurückgefahren. Die Schneide wird dann nach einer bestimmten Schemafolge auf den Bearbeitungsdurchmesser vorgestellt. Die Schneidenzustellung kann im unteren Toleranzbereich 4 µm betragen. Bild 3.11 zeigt den Aufbau einer Feinbohreinheit mit Meßtastern.

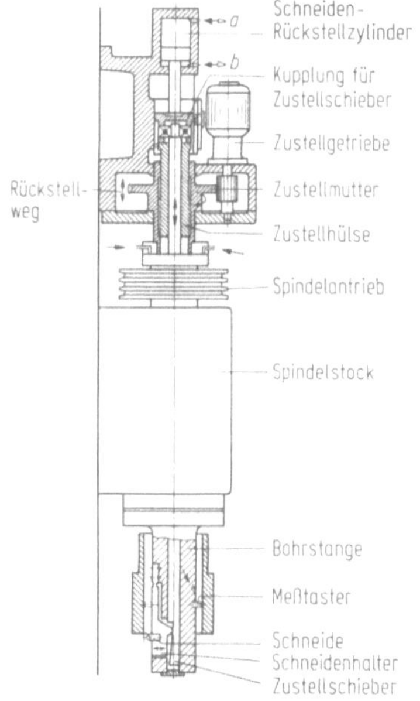

Bild 3.11. Aufbau einer Feinbohreinheit mit Meßtaster
(Alfing-Kessler, Wasseralfingen)

3.11 Plandreheinheiten

Plandreheinheiten sind Spindeleinheiten mit aufgesetztem Plandrehkopf. Sie dienen für Plandreharbeiten und zur Herstellung von Einstichen. Der Planvorschub soll stufenlos einstellbar sein, möglichst bis 1 mm je Umdrehung. Der Plandrehkopf kann mit einem oder mehreren Planschiebern ausgerüstet sein. Ob der Planschieber hydraulisch oder mechanisch bewegt wird, ist zunächst unwichtig, nur hat der hydraulische Planzug den Vorteil, daß man mit ihm auch Kegeligbohren und Nachformbohren durchführen kann. Im ersteren Fall wird die zwangsläufige Bewegung längs und plan mit einem schräggestellten Lineal (Kegellineal) erzielt, wobei der hydraulische Druck auf den Planzugkolben eine spielfreie Anlage der Leitrolle am Lineal gewährleistet. Beim Nachformbohren wird im allgemeinen mit hydraulischer Fühlersteuerung gearbeitet, die auch ein Bearbeiten rechtwinkliger Ansätze und Absätze, sowie Einstiche zuläßt. Bild 3.12 zeigt eine Plandreheinheit.

Bild 3.12. Schlitteneinheit mit Plandreheinheit (Honsberg, Remscheid)

Auch bei der Plandreheinheit sind die Bewegungsfunktionen grundsätzlich die gleichen wie bei der Bohreinheit. Das erleichtert die universelle Verwendung von Einheiten für verschiedene Bearbeitungsweisen. Die Plandrehköpfe selbst werden meist nach Werknorm gebaut.

3.12 Tiefbohreinheiten

Der Begriff „Tiefbohren" hat seinen ursprünglichen Sinn (Bohren einer Mindestlänge von fünfmal Bohrdurchmesser) verloren und wird heute sehr viel umfassender gebraucht. Nicht mehr das Verhältnis von Bohrtiefe zu Bohrdurchmesser ist ausschließlich entscheidend für die Anwendung dieses Verfahrens, sondern in erster Linie die an die Bohrungen gestellten Anforderungen in bezug auf Durchmessertoleranz, Oberflächenqualität, Rundheit, Geradheit, Verlauf usw. sowie die gewünschten Produktionsziffern. Deshalb können auch kurze Bohrungen im Tiefbohrverfahren sehr wirtschaftlich gefertigt werden. Aus dem ursprünglichen Tiefbohren ist ein Präzisionsbohren geworden.

Unabhängig von den zwischenzeitlich geänderten Begriffen und von den verschiedenen Bohrverfahren (Vollbohren, Kernbohren, Aufbohren) und Bohrsystemen (wie BTA-Bohren und Ejektor-Bohren) müssen bei den Tiefbohreinheiten folgende Voraussetzungen erfüllt sein:

- einwandfreier Späneabfluß,
- ausreichende Kühlmittelzuführung,
- automatisch arbeitende Späneentleerung,
- die Anzahl der Entleerungen muß stufenlos wegabhängig einstellbar sein,
- torsionsfreie Arbeitsspindel,
- schwingungsfreie Maschinenbettkonstruktion,
- Vorschubspindel als kräftig dimensionierte Kugelumlaufspindel.

Ferner müssen sämtliche umlaufenden Teile dynamisch ausgewuchtet sein. Vorschubwerte sollen in Abschnitt von Werkstoff und Bohrerdurchmesser ebenso wie die Kühlschmierstoff-Zufuhr stufenlos einstellbar sein. Die Schlittenführung soll den genormten Baumaßen entsprechen.

Die Möglichkeit einer horizontalen und vertikalen Anordnung ist vorzusehen. Damit müssen autonome Tiefbohreinheiten in beliebiger Lage aufbaubar sein und sich in Sondermaschinen und Transferstraßen integrieren lassen.

Eine Normung der Tiefbohreinheiten ist dem Verfasser nicht bekannt. Ausnahmslos haben die Hersteller in ihrem Programm auch komplette Tiefbohrmaschinen, die sich in der Größenstufung nach dem gewünschten Vollbohrbereich, dem Bohrverfahren und der verlangten Bohrtiefe richten.

4 Verfahrensbedingte Einheiten

Obwohl an sich alle Einheiten in ihrem Aufbau und in ihrer Funktion verfahrensbedingt sind, soll dieser Begriff in etwas engerem Sinne hier für alle diejenigen Arbeitseinheiten — zum Teil auch als Sondereinheiten bezeichnet — stehen, die sich in den bisher besprochenen Begriffsgruppen nicht unterbringen lassen. Auch ist eine Normung dieser Einheiten bisher nicht erfolgt, da sie immer individuell den jeweiligen Anforderungen angepaßt werden.

Nachstehend einige der wichtigsten und am häufigsten vorkommenden Sondereinheiten:

Schleif- und Poliereinheiten. Zur Feinbearbeitung metallischer Oberflächen werden hohe Drehzahlen bei geringer Spanabnahme benötigt. Daraufhin sind die Einheiten zum Schleifen und Polieren ausgelegt.

Honeinheiten. Die Arbeitsspindel dieser Einheiten führt neben der Umlaufbewegung einen mechanischen Schnellhub aus, der in Hublänge und Frequenz stufenlos einstellbar ist.

Läppeinheiten. Besondere Läppeinheiten dürften nur in Ausnahmefällen gebraucht werden. Im allgemeinen versieht man eine Bohreinheit mit Untersetzung zum Reiben, Senken und Läppen.

Schweißeinheiten. Schweißeinheiten werden sich mit Verbreitung des Reibschweißens insbesondere für Rohrverbindungen u. ä. zunehmend einführen.

Kontrolleinheiten. Sie dienen zur Maßkontrolle, zur Kontrolle der Durchführung vorangegangener spanabhebender Bearbeitung, zur Werkzeugkontrolle, zur Schmierungskontrolle usw.

Schwenkeinheiten bzw. *Schwenkfutter.* Sie dienen zum Wenden von Werkstücken und Werkstückträgern, um eine allseitige Bearbeitung zu erreichen.

Wasch- und Spüleinheiten. Sie dienen zum Ausspülen von Spänen und Säubern der Werkstücke.

Saug- und Blaseinheiten. Sie dienen zum Entfernen unerwünschter Späneansammlungen.

Steuerungseinheiten. Sie dienen zur elektro-hydraulischen oder elektromechanischen Steuerung des gesamten Fertigungsablaufes.

Spanneinheiten. Sie dienen zum automatischen Spannen von Werkstücken.

Montageeinheiten. Sie dienen zum Fügen mehrerer Einzelteile.

Außerdem gibt es *Sondereinheiten* zur Durchführung von Arbeitsgängen der *spanlosen Formung*.

4.1 Zubringeeinrichtungen

Wie der Name schon sagt, führen diese Einrichtungen die Werkstücke der Spannstelle zu. Je nach Art und Größe der Teile und je nach Bauweise der Maschinen gibt es zahlreiche Möglichkeiten, die großenteils das Eigengewicht der Werkstücke nutzbar machen. Wo die Zubringeeinrichtung nicht bis an die Ein- oder Aufspannstelle herangeführt werden kann, besorgt eine zwischengeschaltete Ladeeinrichtung die Übergabe.

Zubringeeinrichtungen für *Stangen und Profile* sollen an dieser Stelle nicht behandelt werden, da diese Werkstückform nicht typisch ist für spanabhebende Sondermaschinen.

Einrichtungen für *runde Werkstücke* größerer Länge (z. B. Taucherflaschen oder Flaschen, die später mit Schweißgasen gefüllt werden) führen die Teile oft auf *glatten Laufbahnen*, auf denen sie nur an zwei Stellen aufliegen, in leichter Neigung durch ihr Eigengewicht seitlich, also in radialer Richtung, an die Arbeitsstelle heran.

Andere Teile werden mit *Rollen- oder Röllchenbahnen* ebenfalls unter leichter Neigung durch Schwerkraft an die Einspannstelle gebracht. Handelt es sich um größere und schwere Teile, so benutzt man eine angetriebene Rollenbahn und *Greifer* zur Handhabung und Positionierung an der Arbeitsstation, oder das Werkstück wird, wie es oft bei Transfermaschinen geschieht, auf einen fahrbaren Werkstückträger aufgespannt, der es von Station zu Station führt.

Weiterhin werden *Magazinzuführungen* verwendet, die der Werkstückform angepaßt sind und eine größere Anzahl von Teilen aufzunehmen vermögen. Diese gleiten durch einen Schacht nach unten und werden einzeln, gleichfalls synchron mit der Spanneinrichtung abgenommen.

Die mit Bild 4.1 gezeigte Zubringeeinrichtung mit Kreismagazin wurde speziell für die Beschickung von Mehrwege-Sondermaschinen entwickelt. Die Werkstückrohlinge werden als griffnaher Vorrat in das schüsselförmige Zentrum geschüttet und von dort in die am

Bild 4.1. Zubringeeinrichtung mit Kreismagazin; Greifer entnimmt einen Werkstückrohling (Diedesheim, Mosbach)

äußeren Kranz befindlichen Nester gelegt. Ein druckluftbetätigter Greifer entnimmt nach jedem Maschinenstart ein Werkstück und führt es in das geöffnete Spannfutter ein (Bild 4.2).

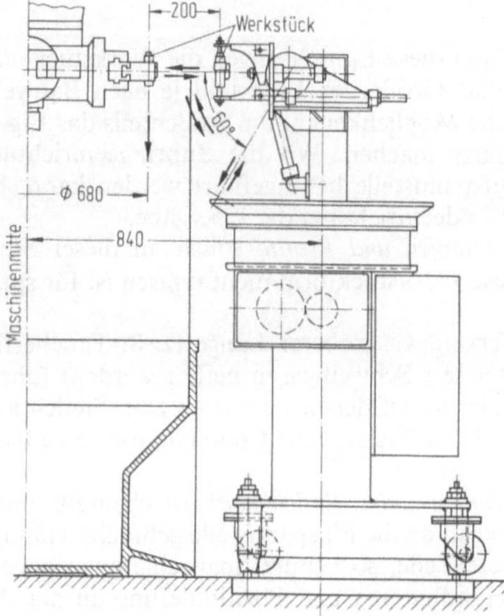

Bild 4.2. Seitenansicht der Zubringeeinrichtung (Diedesheim, Mosbach)

Die Einrichtung ist nur für solche Werkstücke geeignet, welche einen freien Fall nach Öffnen des Futters zulassen. Wechselräder bestimmen den jeweiligen Teilwinkel des Magazinkranzes, dessen Durchmesser sich aus den unterschiedlichen Werkstückbreiten ergibt. Die Bewegungen sind sehr schnell und können den kurzen Taktzeiten bis herunter zu etwa 5 s ohne Schwierigkeit folgen.

Auf Rollen kann die Zubringeeinrichtung sehr leicht an die Maschine herangefahren werden, oder die Einrichtung ist mittels Scharnier mit dem Maschinenbett fest verbunden, d. h. zum Umrüsten wird die Einrichtung von vorn weggeschwenkt, um der Bedienungsperson freien Zugang zu den Vorrichtungen und Werkzeugen zu gewähren. Die Einrichtung ist so ausgeführt, daß alle Elemente beim Umrüsten der Maschine sehr schnell ausgewechselt werden können, z. B. die Greiferfinger, der Werkstückkranz, die Wechselräder usw.

Praktisch können Zubringeeinrichtungen an allen Arten von Maschinen angebracht werden. In Verbindung mit selbsttätigen Spanneinrichtungen vermögen sie Halbautomaten zu Vollautomaten zu ergänzen. Dadurch wird auch eine Mehrmaschinenbedienung durch einen Mann möglich, der dann im wesentlichen nur noch eine überwachende Funktion ausübt.

Eine besondere Art der produktionsgerechten Handhabung ist unter der Bezeichnung „*Industrial Handling*" bekanntgeworden. Gemeint sind Automatisierungseinrichtungen für die Mittel- und Großserienfabrikation, angefangen vom einfachen Greifbehälter für den verbesserten Arbeitsplatz über Verkettungseinrichtungen über Montageautomaten bis hin zum komplexen industriellem Handhabungsgerät (Industrie-Roboter). Diese Vorrichtungen sind für Automatisierungs- und Rationalisierungsinvestitionen gedacht und zwar zur Steigerung der Produktivität bei gleichzeitiger Einsparung von Lohnkosten.

Einfache *Einlegegeräte* werden heute überwiegend im Baukastensystem gebaut. Mit diesen Bausteinen lassen sich am einfachsten problemangepaßte Lösungen realisieren. In Abhängigkeit von der Traglast werden verschiedene Baugrößen von Linear- und Dreheinheiten verwendet, die sowohl hydraulisch als auch pneumatisch angetrieben und mit einer Endlagendämpfung ausgerüstet sind. Manche Bausteine haben auch mehrere einstellbare Festanschläge, so daß mehr als zwei Punkte je Achse angefahren werden können. Diese Bausteine wurden neuerdings von sehr vielen Herstellern neu in das eigene Handhabungsprogramm mit dem Ziel aufgenommen, komplette Systemlösungen liefern zu können.

Besonders interessant erscheint die nachstehend beschriebene *Beschickungseinrichtung mit Schwenkbewegung*. Bedingt durch die Notwendigkeit der automatischen Zuführung und Entnahme von Teilen auf allen Hochleistungs-Sondermaschinen wurde ein Beschickungsgerät mit der Typenbezeichnung „CRA" entwickelt. Sein Hauptmerkmal ist der gleichzeitige Einsatz von drei Werkstückgreifern. Der erste Greifer entnimmt der Ladeeinrichtung ein Werkstück, der zweite legt es in die Spannvorrichtung und der dritte legt das fertigbearbeitete Teil auf eine Ablagestelle. Dadurch können die verschiedenen Nebenzeiten für die Be- und Entladevorgänge aufgeteilt und eine wesentlich verkürzte Gesamtzeit erreicht werden. Die Konstruktion ist so ausgelegt, daß „CRA" für die meisten Fabrikate der Schalttisch- oder Schalttrommelmaschinen und die vorkommenden Be- und Entladeaufgaben verwendet werden kann (Bild 4.3). Das Gerät stellt mit seinem elektrohydraulischen Steuersystem eine von der Maschine unabhängige Einheit dar und kann deshalb an alle bekannten Fabrikate angebaut werden. Der dreiarmige Werkstückgreifer kann auch mit einem Kettenförderer kombiniert werden, wodurch eine automatisch arbeitende Zuführung gegeben ist.

Bild 4.3. Beschickungseinheit CRA mit drei Werkstückgreifern und Schwenkbewegung (Riello, Minerbe)

Der elektrohydraulisch betätigte Kettenförderer Modell „AC" (Bild 4.4) beschickt durch *Linearbewegung*. Er wird als zweckmäßige Ergänzung zur Schwenkbeschickung durch Modell „CRA" gebaut. Die Kette bewegt sich schrittweise und wird von einem Reduziergetriebe mit Bremsmotor angetrieben. Die Schritte werden über einen Näherungsschalter gesteuert. Die Werkstückaufnahmen mit Werkstückkontur („Nester") werden mit zwei

Zylinderstiften auf die Kette aufgesetzt, ohne daß eine Befestigung erforderlich ist, wodurch die Umrüstzeit auf ein Minimum reduziert wird.

Bild 4.4. Elektrohydraulischer Kettenförderer AC mit Linearbewegung (Riello, Minerbe)

Der Kettenförderer (Bild 4.5) kann eingesetzt werden zum Zuführen von Teilen zu einer Maschine, Abführen fertiger Teile von einer Maschine, Bedienen von zwei Maschinen durch eine Bedienungsperson sowie Verketten von zwei Maschinen.

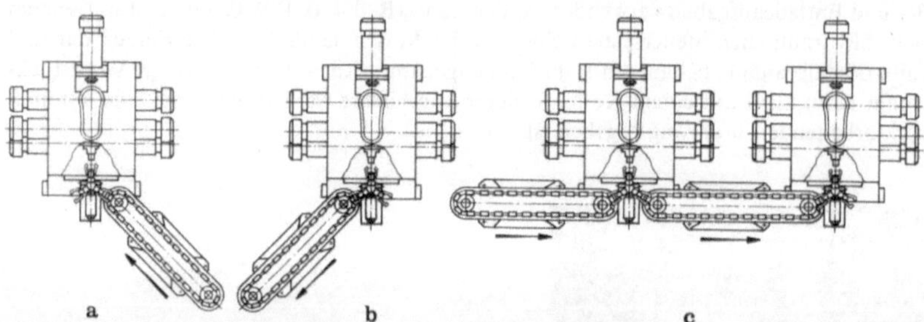

Bild 4.5 a—c. Verschiedene Möglichkeiten des Einsatzes des Kettenförderers AC. **a** Zuführen, **b** Abführen, **c** Verketten (Riello, Minerbe)

Ein *universelles Handhabungsgerät* ist die „Handling Unit 75", ein Gerät mit hoher mechanischer Stabilität für den Einsatz von Werkstückgewichten von 250 g bis 75 kg, mit Einschränkungen bis zu 200 kg (Bild 4.6). Das Gerät ist elektromechanisch gesteuert. Bild 4.7 zeigt die Einsatzmöglichkeiten dieses Geräts mit doppelter Greiferbelegung. Die Bewegungsabläufe werden jeweils zwischen zwei Punkten begrenzt. Jede der vier Bewegungsachsen wird gegen ölgedämpfte, einstellbare Festanschläge gefahren, welche innerhalb der angegebenen zulässigen Gewichtsklasse eine hohe Positioniergenauigkeit von $\pm 0{,}02$ mm gewährleisten. Der Antrieb der horizontalen Bewegungsachse erfolgt über einen Drehfeldmagnetmotor mit Cyclo-Getriebe im Verhältnis 1:10 mit einer Geschwindigkeit von 6 m/min. Jede Drehbewegung wird ebenfalls über einen Drehfeldmagnetmotor mit vorgesetztem Cyclo-Getriebe durchgeführt und ist mit einem Verhältnis 1:7 übersetzt, so daß eine absolute Gewähr für die Haltekraft in der Endposition gegeben ist (innerhalb des maximalen Werkstückgewichts von 75 kg). Die Bewegungszeit

Bild 4.6. Universelles Handhabungsgerät „Handling Unit 75", Gesamtansicht (TAB-Wiest, Plochingen)

für einen 90°-Winkel beträgt 3,5 s. Die Vertikalbewegung wird über einen Bremsmotor, der im Verhältnis 1:10 (280:2800 U/min) ausgelegt ist, mittels einer Kugelumlaufspindel herbeigeführt. Die Verfahrgeschwindigkeit beträgt 200 mm/s. Die Abschaltung der Vertikalbewegung erfolgt über Endschalter. Sämtliche vier Achsantriebe sind so ausgelegt, daß die Bewegungsgeschwindigkeiten im Verhältnis 1:10:1 erfolgen, d. h. Schleichgang-Anfahren, 10-fache Eilbewegung, Abschalten auf Schleichgang bis gegen Festanschlag. Durch diese Technik wird ein verschleißarmes Arbeiten, ein ruckfreier Bewegungsablauf, sowie eine hohe Positioniergenauigkeit erreicht.

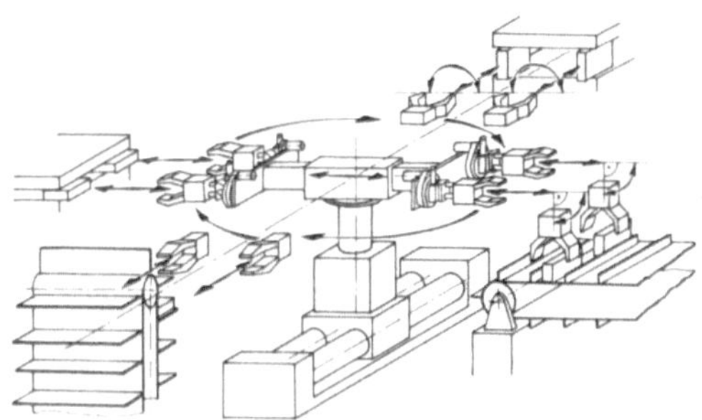

Bild 4.7. Handhabungsgerät „Handling Unit 75" mit doppelter Greiferbelegung; Wirkmöglichkeiten und Wirkbereiche
(TAB-Wiest, Plochingen)

Die Steuerung des Gerätes erfolgt über eine kombinierte Relais-Schützensteuerung, die mit Motorschutzschaltern für den Antrieb einer jeden Bewegungsachse ausgerüstet ist. Die Programmierung der Bewegungsabläufe erfolgt über Kreuzschienenverteiler und Diodenstecker. Es können insgesamt 32 Programme gesteckt werden. Die Bewegungen in den einzelnen Achsen können nacheinander oder, wenn erforderlich, auch simultan programmiert und wiederholt werden, entweder zwischen den beiden Punkten der Festanschläge oder bei Zwischenstrecken über eine magnetische Klemmung. Diese Zusatzsteuerung wird als Impulssteuerung ausgeführt. Der Beginn und die Grundstellung des Gerätes werden durch Einklemmen der Grundposition in numerierten Klemmen herbeigeführt, ebenso Zwischenstops von maschinen- und produktionsabhängigen Abläufen. Durch die leichte Zugängigkeit der Klemmen ist eine einfache Um- und Einstellung des Gerätes gegeben.

4.2 Spänefördereinheiten

Auf spanabhebenden Sondermaschinen und Transferstraßen werden oftmals erhebliche Mengen von Spänen „produziert". Sie werden zwar an der

Entstehungsstelle meist durch ihr Eigengewicht oder durch die Kühlflüssigkeit hinweggeschwemmt, gelangen dann aber doch vorzugsweise in trichterförmig ausgebildete Maschinenunterbauten, von wo aus sie abgeführt werden müssen. Die Konstruktion der Späneförderer richtet sich nach Art und Größe der Maschine oder Anlage sowie der anfallenden Art von Spänen. Die Späneförderer können als Förderband oder als Förderschnecke ausgebildet sein.

In der Regel werden Eigengewichts- und Spülförderung bei kürzeren Transportwegen, Förderschnecken bei mittellangen und Förderbänder bei extrem langen Transportwegen verwendet. Selbstverständlich sind auch Kombinationen möglich.

4.3 Kühl- und Schmiereinheiten

Es ist selbstverständlich, für automatisch arbeitende Sondermaschinen eine selbsttätige Kühlung und Schmierung vorzusehen. Auch wenn es sich nur um diese „Nebenfunktionen" handelt, sind hierfür geeignete Einrichtungen entwickelt worden. Kühlung und Schmierung erfolgen durch Emulsionen oder Öle mit dem für den Verwendungszweck bestgeeigneten Zähigkeitsgrad (Viskosität). Eine zentrale Schmierpumpe drückt die Schmier- und Kühlflüssigkeit über Speiseleitungen zu Verteilern, die mit mehreren Austritten versehen sind. Von hier aus gelangt der Schmierstoff zu den einzelnen Bedarfsstellen der Maschine. Die Konstruktion paßt sich jeweils der Maschine an, in dem die zentrale Födereinrichtung, die im Ständer oder an der Maschinen angebracht ist, durch passende Rohrleitungen mit den Verteilern und Schmierstellen verbunden wird.

Es ist zu beachten, daß Schmier- und Kühlmittel Späne und Verunreinigungen mitnehmen. Während die Trennung gröberer Späne kein Problem darstellt, sind zum Ausscheiden z. B. feinerer Gußspäne besondere Einrichtungen nötig, z. B. Magnetabscheider oder Reinigungsanlagen, bei denen die Verunreinigungen aus dem Kühlmittel herauszentrifugiert werden.

5 Antriebseinheiten

Antriebseinheiten bewirken den Vorschub des Werkzeuges oder seines Trägers gegenüber dem zu bearbeitenden Werkstück. Wenn man die verschiedenen möglichen Antriebsarten für die Vorschubbewegung berücksichtigt, so ergeben sich mancherlei Kombinationen, die zu nachstehender Gliederung führen.

5.1 Mechanischer Antrieb

Die Vorschubbewegung des Trägers der Arbeitseinheit, der Arbeitseinheit selbst oder des Werkzeugträgers unmittelbar erfolgt kraft- und/oder formschlüssig durch eine *umlaufende Kurve*. Als Gegenkraft, zugleich für den Rücklauf, dienen Federn oder eine zweite Kurve, gff. eine zweite Kurvenflanke. Jeder Winkelbewegung der Kurve ist ein bestimmter Vorschubweg zugeordnet, dessen Größe u. U. durch ein Zwischengetriebe verändert werden kann. Die Kurvensteuerung kann in der Spindeleinheit oder als anbaubare Kurvenvorschubeinheit ausgebildet sein. Die Kurvensteuerung hat den Vorteil der Einfachheit und Starrheit, aber einen wesentlichen Nachteil, weshalb hier keine Anwendungsbeispiele aufgeführt sind. Die Kurven selbst werden nämlich nach einer theoretisch errechneten Vorschubgeschwindigkeit konstruiert und gebaut. Jede nachträgliche Änderung der Vorschubgeschwindigkeit bedeutet den Einsatz einer anderen Kurve. Das führt zu hoher Lagerhaltung und großen Umrüstzeiten. Somit ist dieses System weniger geeignet für flexible Sondermaschinen, weil einfach das Element des stufenlosen und schnellen Anpassens fehlt.

5.2 Elektromechanischer Antrieb

Die Vorschubbewegung wird durch das System *Gewindespindel/Mutter* bewirkt. Die Spindeldrehung wird von einem Elektromotor, oft auch von zwei Motoren für Eilgang und Arbeitsvorschub, unter Zwischenschaltung eines Schnecken- und Zahnradgetriebes, ggf. auch eines Keilriementriebes hervorgerufen. In der Regel wird ein Schlitten bewegt, der die Arbeitseinheit trägt. Doch kann diese auch unmittelbar, z. B. auf einer Säulenführung laufend, angetrieben werden. Nachstehend wird ein anbaubares Vorschubgetriebe beschrieben.

Beim Antrieb von Sondermaschinen muß die Forderung erfüllt werden, Leerwege mit Eilgeschwindigkeit und Arbeitswege mit der vorgeschriebenen Vorschubgeschwindigkeit zu fahren. Diese Forderung wird von dem Vorschubgetriebe gemäß Bild 5.1 erfüllt. Es wird in drei verschiedenen Größen gebaut (Tabelle 5.1).

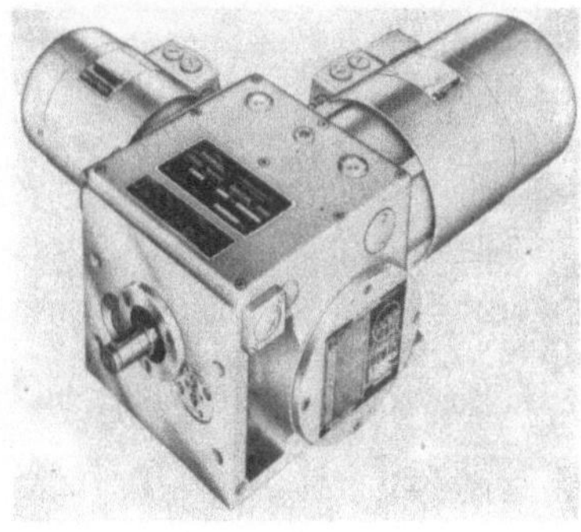

Bild 5.1. Antriebseinheit für Eilgang/Vorschub (Honsberg, Remscheid)

Tabelle 5.1. Bauarten und technische Daten der Vorschubeinheiten EV

		Typ EV 4	Typ EV 8	Typ EV 16
Abtriebsdrehmoment				
bei Langsambewegung	Nm	40	80	160
bei Eilbewegung	Nm	10	20	40
Abtriebsdrehzahlen				
bei Langsambewegung	min^{-1}	4 ... 32	2 ... 30	2 ... 30
bei Eilbewegung	min^{-1}	350 bzw. 700	350 bzw. 700	350 bzw. 700
Antriebsmotoren				
für Langsambewegung	kW	0,15	0,4	0,6
für Eilbewegung	kW	0,4	0,8	0,2
Motoren in Schutzart		P 33	P 33	P 33
Betriebsspannung (normal)	V	220/380	220/380	220/380
Spannung für Bremsmagnet	V	24	24	24
Gewicht	kg	≈45	≈90	≈115

Der Aufbau der Einheit ist klar und übersichtlich (Bilder 5.2 und 5.3). Zwei Antriebsmotore sind angeflanscht, wobei der eine zur Erzeugung der Eilgangdrehzahl und der andere zur Erzeugung der Langsam- oder Vorschubdrehzahl dient. Der Vorschubmotor *a* treibt über ein Zahnradvorgelege *b* und ein Wechselradgetriebe *c* den anschließenden Schneckentrieb *d* an. Im Schneckenradkörper ist ein Planetentrieb *e* eingebaut, dessen Planetenräder sich auf dem Ritzel *f* des Eilgangmotors *g* abwälzen und somit die Abtriebswelle *h* drehen. Der Eilgangmotor treibt über den Planetentrieb ebenfalls die Abtriebswelle an. Die Motoren können einzeln oder zusammen eingeschaltet werden, wobei der Drehsinn beliebig sein kann. Arbeiten beide Motoren, so addieren sich die erzeugten Abtriebsdrehzahlen. Ist nur der Vorschubmotor eingeschaltet, so ist der Eilmotor abgebremst. Die elektromagnetische Bremse *i* hat den Eilmotor während des Langsamtriebes anzuhalten, den Auslauf beim Abschalten der Eilbewegung zu verkürzen und das Getriebe vor Überlastung zu schützen. Bei zu hoher Belastung wirkt sie als Rutschkupplung. Das durch die Bremse eingestellte größte Abtriebsdrehmoment kann nicht überschritten werden.

Da es in vielen Fällen nötig ist, das Abschalten der Vorschubbewegung der Arbeitseinheiten durch Fahren gegen Festanschlag vorzunehmen (z. B. bei großer Tiefengenauigkeit oder Positioniergenauigkeit von $\pm 0{,}01$ mm), wurde in die Vorschubeinheit eine Drehmomentbegrenzung eingebaut. Bild 5.3 zeigt einen Schnitt durch die Vorschubeinheit

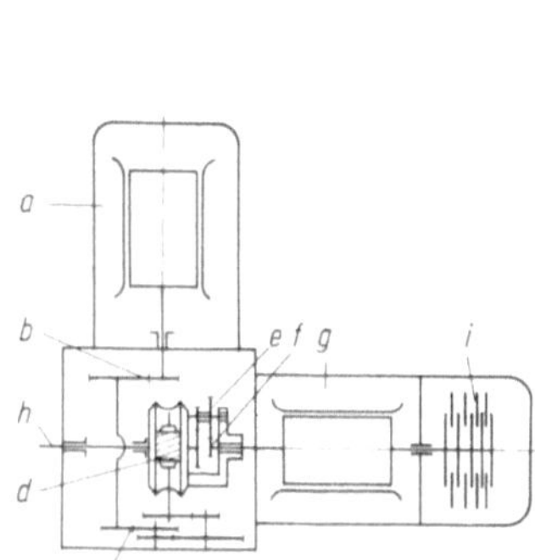

Bild 5.2. Schema der Getriebeeinheit (Honsberg, Remscheid)

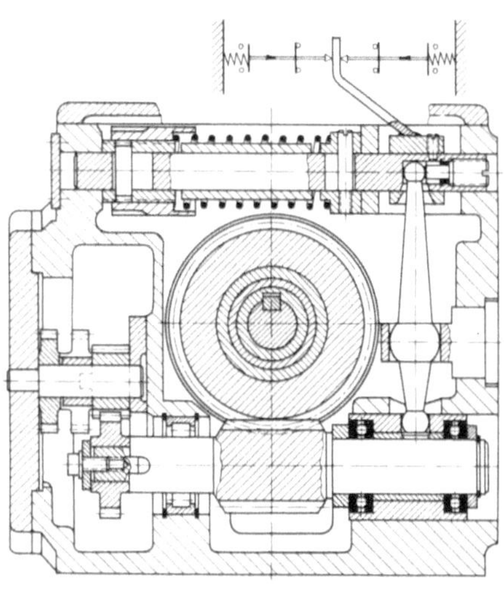

Bild 5.3. Schnitt durch die Schnecke des Eilgang/Vorschub-Getriebes und Schema der Festanschlagschaltung (Honsberg, Remscheid)

und läßt den Aufbau der Drehmomentbegrenzung klar erkennen. Die Schnecke ist als Wanderschnecke ausgebildet. Über einen Schalthebel ist sie mit einer in beiden Richtungen wirkenden Feder verbunden. Mit dieser kann das Drehmoment, das am Abtriebszapfen der Einheit abgenommen werden soll, feinfühlig eingestellt werden. Das eingestellte Betriebsdrehmoment muß hierbei immer unter dem durch die Bremse gegebenen Maximalwert liegen. Wird bei eingeschaltetem Vorschubmotor das Drehmoment am Abtriebszapfen der Einheit so hoch, daß die Feder nicht mehr in der Lage ist, die Schnecke im Gleichgewicht zu halten, so wandert sie je nach dem Drehsinn des Motors nach links oder rechts aus. Über den Schaltarm werden hierbei elektrische Schalter betätigt, die den Eilrücklauf der Maschine einleiten, die Maschine abschalten oder irgendein anderes Kommando geben.

Abschließend sei die Wirkungsweise der Vorschubeinheit an Hand des einfachsten Bewegungsablaufes erläutert: „Eilgang vor — Arbeitsvorschub — Eilgang zurück —

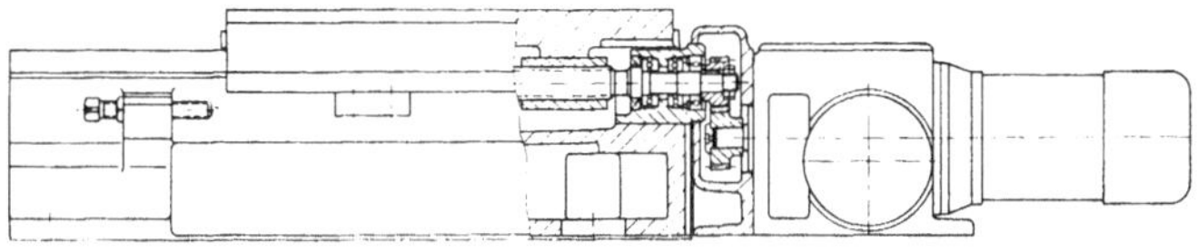

Bild 5.4. Verwendung der Antriebseinheit Bild 5.1. zum Antrieb einer Schlitteneinheit (Honsberg, Remscheid)

Halt." Beim „Eilgang vor" sind beide Motoren der Einheit eingeschaltet und haben den gleichen Drehsinn. Beim Umschalten auf „Arbeitsvorschub" wird der Eilgangmotor abgeschaltet und durch die Elektromagnetbremse angehalten. Der Vorschubmotor läuft unverändert weiter. Für die Bewegung „Eilgang zurück" wird der Vorschubmotor umgesteuert, und der Eilgangmotor wird — jetzt ebenfalls umgesteuert — zugeschaltet. Das Abschalten der Motoren in der Endstellung erfolgt gleichzeitig.

In Bild 5.4 wird die Verwendung der Vorschubeinheit zum Antrieb einer Schlitteneinheit gezeigt.

5.3 Hydraulischer Antrieb

Die Vorschubbewegung wird hydrostatisch durch Drucköl über das System Zylinder—Kolben bewirkt. Hydraulische Schlitteneinheiten besitzen in der Regel — ebenso wie die elektromechanisch durch Motor und Spindel angetriebenen — Gleitführungen mit Planflächen oder Prismen zur genauen Führung des Schlittenoberteiles. Im Unterteil wird die Hydraulikeinrichtung untergebracht. Ein wesentlicher Vorteil des hydraulischen Antriebs ist die Möglichkeit, sowohl Eilgang wie Kriechbewegungen ohne Zwischenschaltung eines Getriebes, durch stufenlose Steuerung über eine Drossel zu erzielen. Das Prinzip des Zylinders mit Kolben bringt es mit sich, daß dieser unmittelbar als Träger für das Werkzeug dienen kann, was sich insbesondere bei kleinen Einheiten raum- und kostensparend auswirkt. Eine hydraulische Schlitteneinheit zeigt Bild 2.12.

Neben dem vorstehend geschilderten, rein hydraulischen Antrieb gibt es noch ein hydromechanisches System. Diese Antriebsart braucht nicht besonders beschrieben zu werden, da sie funktions- und konstruktionsmäßig nichts Besonders bringt. Es wird z. B. der gleiche Schlitten verwendet, der auch elektromechanisch mit Spindel angetrieben werden kann, nur daß die Vorschubeinrichtung statt des Elektromotors als Antrieb einen Hydromotor erhält, der ebenfalls stufenlos steuerbar eingerichtet werden kann. Die Anwendungen sind grundsätzlich die gleichen wie beim elektromechanischen Antrieb.

5.4 Pneumatischer Antrieb

Ein rein pneumatischer Vorschubantrieb für spanende Bearbeitung ist nicht möglich, da die nur geringen Vorschubgeschwindigkeiten nicht gleichförmig und ratterfrei erzeugt werden können. Man verwendet die Druckluft daher nur als Antrieb und läßt sie auf ein druckölbelastetes Bremssystem wirken. Diese Druckluftsteuerungen erfreuen sich noch ständig steigender Beliebtheit und werden in zweierlei Weise gebaut: Eine Bauart, bei der sich Luft und Öl stets in getrennten Zylinderräumen befinden und bei der Luftzylinder und Ölbremszylinder über starre, mechanische Glieder miteinander gekoppelt sind, und eine zweite Bauart, bei der sich Luft und Öl abwechselnd in denselben Zylinderräumen befinden und bei der Luftzylinder und Hydraulikteil meist über Rohr- und Schlauchleitungen miteinander gekoppelt sind. Für die Auswahl der Geräte können die nachstehenden Gesichtspunkte hervorgehoben werden. Neben den finanziellen Erwägungen dürfte bei der Auswahl der für den Einbau zur Verfügung stehende Platz ausschlaggebend sein. Die betriebssicherere Bauart ist die mit getrennten Luft- und Ölkreisen. Jede Vorschubeinheit sollte für den Eilvorlauf, Arbeitshub und Eilrücklauf je eine stufenlose Geschwindigkeitseinstellung haben. Ein Leckölausgleich und die Möglichkeit zur Entlüftung des Hydraulikteiles müssen vorhanden sein.

Den Funktionsplan einer pneumatisch-hydraulischen Vorschubsteuerung zeigt Bild 5.5. Die Kombination von Pneumatik und Hydraulik in einer Einheit mit Eigenvorschub zeigt Bild 5.6 in einem schematischen Längsschnitt.

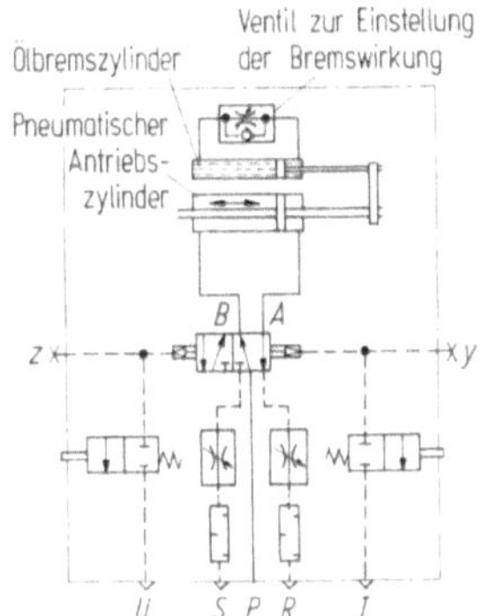

Bild 5.5. Pneumatische Vorschubeinheit, Schaltplan (Festo, Esslingen)

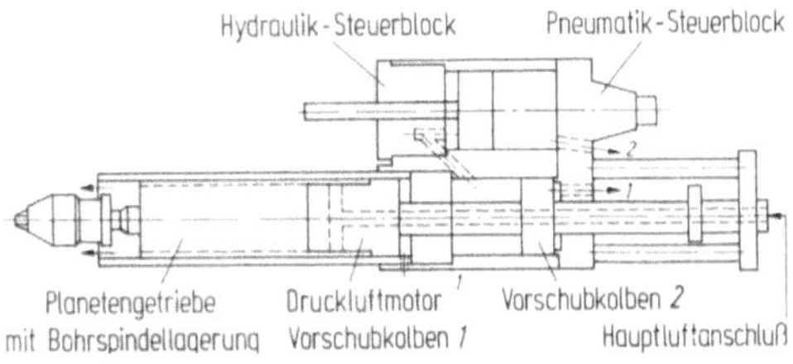

Bild 5.6. Hydraulisch-pneumatische Bohrvorschubeinheit (Premag, Geisenheim)

6 Spanlose Zusatzbearbeitung auf spanenden Sondermaschinen

Sondermaschinen, die hauptsächlich für spanende Bearbeitungsvorgänge vorgesehen sind, werden in zunehmendem Umfang auch für die spanlose Bearbeitung nutzbar gemacht. Als Arbeitseinheiten dienen meist hydraulische Pinoleneinheiten mit Eigenvorschub oder auch normale Spindelstöcke, die auf Schlitteneinheiten gesetzt sind.

Die Forderung, Werkstücke einbaufertig und möglichst in einer Aufspannung zu bearbeiten, hat zur Folge, daß auch Arbeitsgänge der spanlosen Bearbeitung in den Ablauf der spanenden Sondermaschinen mit einbezogen werden müssen. Die Arbeitseinheiten wurden dementsprechend auch auf diese Operationen eingerichtet. Die hierfür erforderlichen *Werkzeuge* werden nach den Anwendungsmöglichkeiten in die folgenden vier hauptsächlichen Gruppen eingeteilt:

- Glattwalzwerkzeuge zur Gewinnung äußerst glatter Oberflächen jeglicher Art, auch Rollenglättwerkzeuge genannt;
- Maßwalzwerkzeuge zur Erzeugung maßgenauer Werkstücke;
- Aufdornwerkzeuge zur Herstellung druckdichter Oberflächen;
- Roll- und Dornwerkzeuge zur Herstellung von Außen- und Innengewinden.

Die bisher hauptsächlich mit großem Erfolg angewandten *Arbeitsgänge* auf spanenden Sondermaschinen werden in den folgenden Abschnitten genauer beschrieben. Dabei wird deutlich, daß die Kaltumformverfahren bedeutend leistungsfähiger und wirtschaftlicher sein können als die bislang angewandten Arbeitsmethoden der spanenden Bearbeitung, die in manchen Fällen sogar von vornherein ausscheidet.

6.1 Glattwalzen von Ventilsitzen

Das Glattwalzen auf Drehautomaten kann als bekannt vorausgesetzt werden. Es werden hierbei Innen- und Außenflächen, Kegelflächen, Kugelflächen im Einstechverfahren, stirnseitige Flächen u. a. m. glattgewalzt. Alle diese Arbeitsvorgänge werden aber im Gegensatz zu den Sondermaschinen mit umlaufendem Werkstück durchgeführt. Ganz anders gelagert ist das Problem, ein Glattwalzen mit stehendem Werkstück und umlaufendem Glattwalzwerkzeug zu erreichen. Besonders erschwerend kommt noch hinzu, daß die zu glättenden Werkstückpartien meist an schwer zugänglichen Stellen angeordnet sind.

Der Einsatz umlaufender Glattwalzwerkzeuge erfolgt in der Regel dann, wenn die geforderten Oferflächenrauhigkeiten (beispielsweise im beschriebenen Bedarfsfall 2,8 µm) durch spanende Werkzeuge nicht mehr zu erreichen sind.

Die Walzgeschwindigkeit kann beim Glattwalzen von 20 bis 100 m/min gewählt werden. Dieser weite Spielraum erlaubt es, Umfangsgeschwindigkeiten wie beim Drehen anzuwenden, so daß mit den üblichen Drehzahlen das Glattwalzen durchgeführt werden kann (beispielsweise 50 m/min bei Automatenstahl). Wird im Vorschubverfahren gearbeitet, so kann der Vorschub mit 0,1 bis 2 mm/U angesetzt werden, wobei grundsätzlich in einem Durchgang gewalzt wird. Im wesentlichen sind alle spanbaren Metalle glattwalzbar, also Stahl, Messing, Bronze, Aluminium, auch Grauguß. Zur Schmierung dient leichtes Schneidöl oder Bohremulsion im Mischungsverhältnis 1:10.

Das Arbeitsergebnis beim Glattwalzen ist eine Oberfläche, deren Rauhtiefe bei 0,1 bis 1 µm liegt mit einem Traganteil bis ungefähr 90%. Die von der spanenden Vorbearbeitung herrührende Rauhtiefe soll bei 8 bis 15 µm liegen. Die Durchmesseränderung entspricht der Rauhtiefe der Vorbearbeitung, so daß die Maßgenauigkeit des Durchmessers von der Güte der Vorbearbeitung abhängt.

Bild 6.1. Werkstück mit zwei glattgewalzten Ventilsitzen

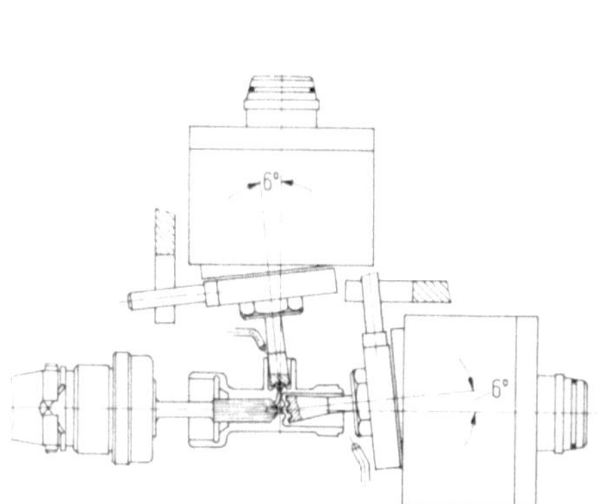

Bild 6.2. Zwei gleichzeitig arbeitende Glattwalzwerkzeuge

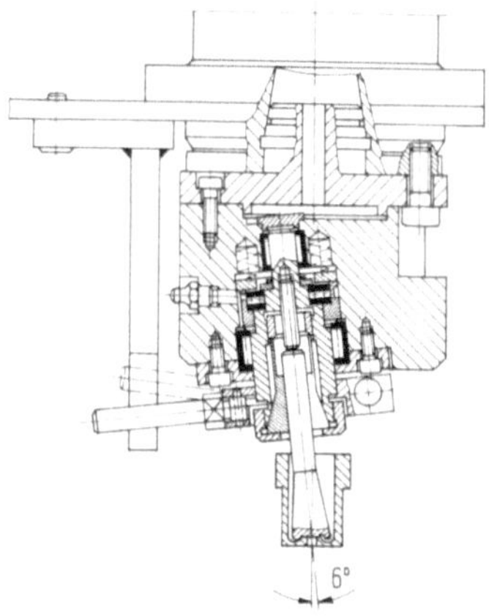

Bild 6.3. Glattwalzwerkzeuge

Beim nachstehenden Arbeitsbeispiel wird am Werkstück nach Bild 6.1 an zwei Ventilsitzen beim „Kraterrand" eine maximale Rauhtiefe von 2,8 µm gefordert. Die komplette Bearbeitung (von drei Seiten) wird in mehreren Aufspannungen auf einer Schalttischmaschine durchgeführt. In der letzten Bearbeitungsstation werden für beide Sitze die Glattwalzwerkzeuge (Bilder 6.2 und 6.3) eingesetzt. Sie sind als sogenannte Taumelwerkzeuge ausgebildet, d. h. ein schräggestellter Hartmetallstempel mit einer negativen Ventilsitzform wälzt sich einige Sekunden auf der vorgearbeiteten Ventilsitzform ab. Voraussetzung für ein einwandfreies Arbeiten ist selbstverständlich eine völlig saubere Werkstückoberfläche. Die Walzspindel rotiert mit einer Drehzahl von 1400 U/min, was einer Walzgeschwindigkeit von 28 m/min (bei einem Arbeitsdurchmesser von 6,3 mm) entspricht. Ein weiteres Beispiel glattgewalzter Dichtungspartien zeigt das Bild 6.4. Teilbild a zeigt das Glattwalzen eines Innenkonus, Teilbild b das Glattwalzen einer Kugelfläche.

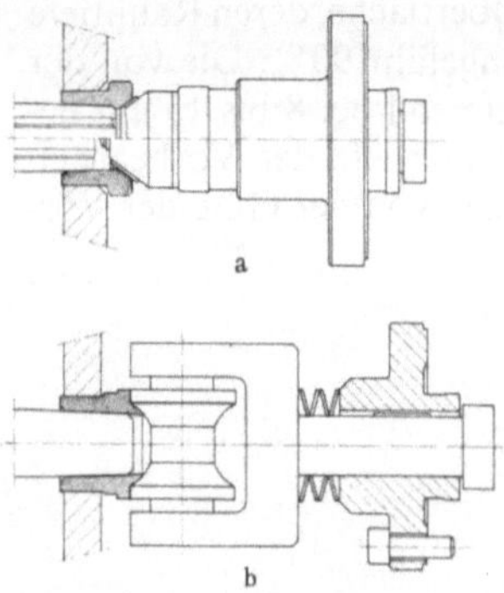

Bild 6.4 a u. b. Glattwalzen eines Innenkonus (**a**) und einer Kugelfläche (**b**)

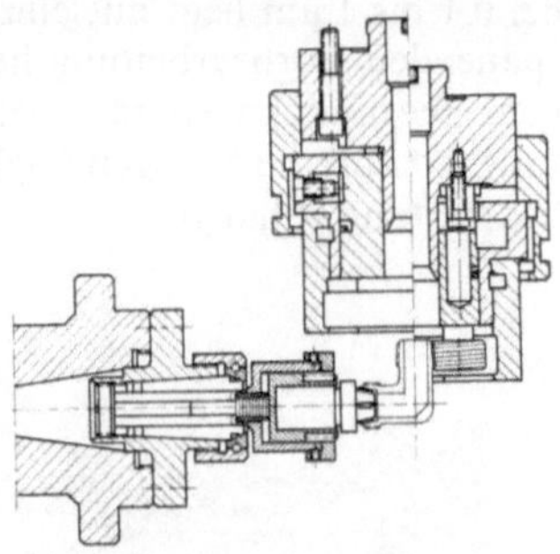

Bild 6.5. Mit vertikaler Einheit wird konisches Gewinde gerollt und mit horizontaler Einheit Dichtkonus geglättet

6.2 Rollen von Außengewinden

Die Rollwerkzeuge arbeiten mit Vorschub in Achsrichtung. Das Gewinde wird dabei anfangs durch Andrücken mittels Leitpatrone erzeugt, bis die Rollen mit zwei bis drei Gewindegängen das Werkstück erfaßt haben. Dann schraubt sich der Rollkopf selbsttätig weiter. Auf Sondermaschinen werden die Gewinderollköpfe fast ausnahmslos umlaufend eingesetzt. Sie werden für alle vorkommenden Gewinde gebaut. Die metrischen Gewinde reichen hierbei von M 1,5 bis M 52. Auch konische Befestigungsgewinde lassen sich rollen, sobald ihre Länge unter der Rollenbreite liegt.

Das Beispiel in Bild 6.5 zeigt die Bearbeitung einer Winkelverschraubung auf einer Schalttischmaschine mit horizontalen und vertikalen Einheiten. In der letzten Bearbeitungsstation wird vertikal ein konisches Gewinde gerollt und zusätzlich horizontal der Dichtkonus mit einem Kegelrolldorn geglättet.

6.3 Furchen von Innengewinden

Ein verhältnismäßig neues Umformverfahren für Innengewinde ist das Gewindefurchen, weshalb es bisher auf Sondermaschinen nicht allzuoft angewandt wurde. Das Gewinde wird dabei mit Gewindefurchern statt mit -bohrern hergestellt. Das Innengewinde-Furchwerkzeug, kurz Gewindefurcher genannt, hat annähernd die Form eines Gewindebohrers, jedoch ohne Spannuten. Sein Querschnitt ist kein Kreis, sondern ein Polygonprofil.

Da beim Gewindefurchen keine Späne anfallen, kann diese Bearbeitungsart besonders bei Sondermaschinen, also beim automatischen Arbeiten, störungsfreier durchgeführt werden als das Gewindebohren. Die Bruchgefahr der Gewindefurcher ist geringer als bei den Gewindebohrern, da ihr Querschnitt nicht durch Spannuten geschwächt ist.

Die Furchgeschwindigkeit entspricht etwa der Schnittgeschwindigkeit beim Gewindeschneiden. Bei größeren Innengewinden, etwa ab M 24 × 1,5, wird man vorteilhafter mit Gewinderolldornen arbeiten.

6.4 Rollen von Bohrungen auf enge Toleranzen

Das Feinwalzverfahren bedient sich einer Reihe von gehärteten Stahlrollen. Diese sind in einem Haltekäfig auf dem Schaft eines Dreh- und Vorschubdornes geführt. Die Rollen laufen über die Innenseite der vorgebohrten oder gedrehten Bohrung und walzen die Oberflächenriefen glatt, die beim Bohren oder Drehen entstanden sind. Dabei werden die Erhöhungen im Werkstoff in die Vertiefungen gedrückt. Vorbearbeitete Oberflächen werden so gleichzeitig geglättet, kaltverfestigt und auf den passenden Bohrungsdurchmesser gebracht.

6.5 Einwalzen von Ventilsitzringen

Beim Einwalzen von Ventilsitzringen im Schieberventilgehäuse durch ein Aufdornwerkzeug (Bild 6.6) wird beträchtlich Zeit gespart. An dem Werkzeug sind, den Konstruktionsanforderungen entsprechend, die Rollen unter einem Winkel angeordnet, um damit die Sitzringe lecksicher und druckfest einzubauen. Das Schieberventil ist aus Bronze, der Sitzring aus rostfreiem Stahl.

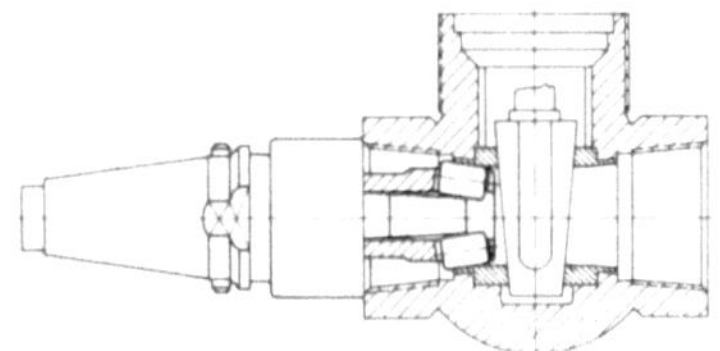

Bild 6.6. Einwalzen von Ventilsitzringen

7 Planung von Sondermaschinen

Die Planung hat nicht zuletzt den gesamten Fertigungsvorgang zu erfassen, in zweckmäßige Arbeitsgänge aufzuteilen und die Sondermaschinen der vorliegenden Aufgabe anzupassen. Die Sondermaschinen in ihrer Arbeitsweise festzulegen, kann aber nicht allein Aufgabe der Planung sein, das muß vielmehr unbedingt in engster Zusammenarbeit mit dem Sondermaschinenbau geschehen. Sondermaschinen und Fertigungsstraßen aus einzelnen Aufbaueinheiten selbst zusammenzustellen, erscheint den Fertigungsbetrieben oft sehr einfach. Die auftretenden Schwierigkeiten in der Einhaltung der Genauigkeit, der Leistung, der Schwingungsfreiheit und Standzeit der Werkzeuge werden leicht übersehen. Der Sonder-Werkzeugmaschinenbau verfügt nicht nur über die Erfahrungen *einer* Fertigung. Hier laufen die Erkenntnisse zahlreicher, verschiedenartiger Mengenfertigungen zusammen und können für jeden einzelnen Fall erfolgreich verwertet werden.

An Anfang jeder Planung eines Maschinenkonzepts wird immer eine Anfrage des Maschineninteressenten beim Maschinenhersteller stehen, weshalb in diesem Zusammenhang über die Grundlagen technisch richtiger Anfragen gesprochen werden muß. Der weit verbreitete Vertreter- oder Verkäuferstandpunkt, daß ein Erfahrungsprozentsatz bei einer gewissen Zahl von Anfragen zu Geschäften führt, ist für den Hersteller von Sondermaschinen aus personellen und finanziellen Gründen unerträglich. Ein gut durchgeführter Bearbeitungsvorschlag mit Offertzeichnung, Beschreibung und Stückzeitberechnung kostet viel Zeit und Geld. Informatorische Anfragen wird der Vertreter selbst aus dem ständigen Studium der Möglichkeiten und der von ihm vertretenen Sondermaschinen-Firma erledigen können. Anfragen nach Preis und Lieferzeit beispielsweise für irgendwelche Aufbaueinheiten sind nichts weiter als der Beginn eines umfangreichen Schriftwechsels zur Klärung der technischen Voraussetzungen.

Folgende Voraussetzungen sind zur Bearbeitung einer ernsten Anfrage unerläßlich:

1. Es muß klar sein, welche Werkstücke in welchen verschiedenen Größen bearbeitet werden sollen.
2. Zeichnungen oder Werkstückmuster — möglichst Rohlinge und fertig bearbeitete Stücke — müssen vom Interessenten zur Verfügung gestellt werden.
3. Der Maschinenhersteller muß wissen, welche Flächen oder Bohrungen bearbeitet bzw. welche Arbeitsfolgen überhaupt durchgeführt werden

sollen und in welchem Zustand das Werkstück auf die zu projektierende Sondermaschine kommt.

4. Die Angabe der verschiedenen Werkstoffe, welche bearbeitet werden sollen, mit welcher Bearbeitungszugabe oder Spanabnahme, ist unerläßlich.

5. Das Wichtigste sind die zu bearbeitenden Stückzahlen in einem bestimmten Zeitabschnitt: Schicht (Stunden)/Woche/Monat/Jahr und auch die Wünsche, in welchem Umfang eine Steigerung dieser Stückzahlen in Betracht kommt oder welche Reserven der Kunde für zweckmäßig hält.

6. Angaben über die jetzige Arbeitsfolge (verwendete Werkzeugmaschinen), Schnittgeschwindigkeiten, Drehzahlen und Vorschübe. Hierbei sind alle Einzelheiten interessant, die sich aus der Erfahrung des Fertigungsbetriebes bei der Bearbeitung der Werkstücke ergeben haben. Wenn der Maschinenhersteller z. B. erfährt, daß ein Werkstück sich bei der Zerspanung, beim Schruppen durch Erwärmung oder durch Freiwerden von Spannungen verformt, kann er das bei seinen Vorschlägen berücksichtigen. So gibt es viele andere Betriebserfahrungen, die der Hersteller nicht ohne weiteres wissen kann, die aber dem Fertigungsmann notwendigerweise bekannt sein müssen.

7. Die erforderlichen Toleranzen und Oberflächengüten müssen unbedingt angegeben werden für die richtige Gestaltung der Maschine. Es ist immer gut, wenn der Konstruktur der Werkstücke bei der Erörterung dieser Fragen mitwirkt, weil sich oft ergeben wird, daß Toleranzen und Oberflächengüte gedankenlos überfordert sind, wenn man der Sache auf den Grund geht.

Zum Nutzen aller Beteiligten, haben die meisten Sondermaschinenhersteller einen Fragebogen erstellt, der, korrekt ausgefüllt, für den Hersteller eine verläßliche Unterlage darstellt, mit der er auch kurzfristig Vorschläge und Offerten abgeben kann.

7.1 Aufteilung der Gesamtbearbeitung in Arbeitsgänge usw.

Bei der Planung sind die verschiedensten Gesichtspunkte zu berücksichtigen, wobei nachstehend die wichtigsten genannt werden.

Abstimmung der Fertigungszeit. Die zu fertigende Stückzahl ergibt sich aus der monatlichen Produktion. Als erste Überlegung ist die Abstimmung der täglichen Stückzahl auf Ein- oder Mehrschichtenbetrieb nötig. Daraus ergibt sich dann die Taktzeit, die den Fertigungsablauf festlegt. Sie bestimmt die Ausbringung der Maschine. Alle Arbeitsgänge müssen aufeinander abgestimmt werden, da der längste Arbeitsgang die Taktzeit bestimmt. Bei der Festlegung der Schnittbedingungen ist die Standzeit so zu bemessen, daß der Werkzeugwechsel in festgelegten Zeitabschnitten erfolgt, die heute noch im allgemeinen mit den Schichtpausen zusammenfallen. Durch besondere Hilfsmittel kann der Werkzeugwechsel beschleunigt und erleichtert werden. Für den Festkostenanteil ist die Gesamtdauer der Fertigung von besonderer Bedeutung. Das Baukastensystem erbringt die gewünschte Möglichkeit des Umbaues, so daß nur ein Teil der Beschaffungskosten abgeschrieben zu werden braucht.

Abstimmung der zu fertigenden Mengen. Reicht die zu fertigende Stückzahl nicht aus, um eine Sondermaschine wirtschaftlich auszunutzen, so muß untersucht werden, ob nicht mehrere, einander ähnliche Werkstücke auf der gleichen Maschine bearbeitet werden können.

Abstimmung der örtlichen Gegebenheiten. Bei der Planung größerer Sondermaschinen, besonders bei Transferstraßen, ist die Einreihung in den allgemeinen Fertigungsfluß zu beachten. Da Platzbedarf und Platzkosten von wesentlicher Bedeutung sein können, ist möglichst auch bei automatischen Anlagen das Verfahren der Mehrseitenbearbeitung anzuwenden. Gewisse Forderungen auf Zugänglichkeit, besonders zum Werkzeugwechsel, müssen damit aber in Einklang gebracht werden.

Abstimmung der fertigungsgerechten Werkstückkonstruktion. Die Forderung nach Fertigungsreife des Werkstücks ist in diesem Zusammenhang selbstverständlich, so daß sie nur der Vollständigkeit halber erwähnt werden soll. Sehr wichtig ist die Bemessung der Mittenabstände der Bohrungen mit Rücksicht auf die vielspindlige Bearbeitung.

Entscheidend für eine erfolgreiche Bearbeitung auf Sondermaschinen sind die Aufnahme- und Spannmöglichkeiten des Werkstückes, die der Konstrukteur den besonderen Gegebenheiten des Sondermaschinenbetriebes anzupassen hat, z. B. mehrmalige selbsttätige Lagebestimmung und Spannung.

7.2 Wahl der zweckmäßigen Werkstückbewegung

Bei der Mehrstationenbearbeitung führt meist das Werkstück eine Zubringbewegung zu den Werkzeugen aus. Sie wird im allgemeinen als Schaltbewegung ausgeführt. Zur Verfügung steht kreisförmige und geradlinige Bewegung. Die Vor- und Nachteile beider Möglichkeiten müssen bei der Planung selbsttätiger Anlagen im Sinne der besten wirtschaftlichen Auswirkung ausgewertet werden. Zu beachten sind folgende Gesichtspunkte:

Mögliche Zahl der Arbeitsstationen. Beim Kreis erfolgt die Zubringung durch drehbar gelagerte Maschinenteile, sogenannte Schalttische (mit vertikaler Achse) oder Schalttrommeln (mit horizontaler Achse). Letztere werden bei Zwei- und Dreiseitenbearbeitung verwendet. Da man aus fertigungstechnischen Gründen über einen bestimmten Durchmesser der Tische bzw. Schlüsselweite der Trommeln nicht hinausgehen kann, ergibt sich im Zusammenhang mit der Werkstückgröße eine Höchstzahl von Stationen. Gemäß einem Grundsatz sollen aber möglichst viele verschiedenartige und aus verschiedenen Richtungen wirkende Arbeitsgänge auf Sondermaschinen erfaßt werden. Gelingt dies nicht, so muß man auf geradlinige Werkstückbewegungen übergehen, d. h. praktisch eine Transferstraße planen, die eine praktisch unbegrenzte Zahl von Stationen aufnehmen kann.

Durchlaufen der Spannvorrichtung. Beim Kreis kehren Werkstück und Spannvorrichtung zur Bedienstelle zurück, da die Vorrichtung meist mit dem Schaltglied fest verbunden ist. Benötigt man bei der geraden Bewegung einen Werkstückträger, auf dem das Werkstück durch die Anlage geführt wird, so muß dieser zurückgeleitet werden, was Beschaffungskosten und Platzbedarf erfordert.

Eingliederung in den Fertigungsfluß. Bei der geradlinigen Werkstückbewegung wird der Fertigungsfluß beibehalten, da das Werkstück die Anlage in gerader Bahn durchläuft und am Ende verläßt. Beim Kreis erfolgt die Bewegung entweder parallel zur Richtung des allgemeinen Fertigungsflusses oder senkrecht dazu.

Unterschiedliche Zubringvorgänge. Das Zubringen des Werkstücks umfaßt verschiedene Vorgänge: den Transport, die Lagebestimmung und die Spannung. Beim Kreis sind der Transport, die Gesamtlagebestimmung und die Gesamtspannung im Schalttisch oder in der Schalttrommel vereinigt. Das Werkstück wird einmal in der festverbundenen Vorrichtung aufgenommen und einmal individuell gespannt. Bei der Geraden wird der Transport durch eine selbständige Einrichtung durchgeführt. Das Werkstück oder — wenn notwendig — der Werkstückträger muß dann in jeder Station individuell bestimmt und gespannt werden. Die Wiederholung der Bestimmung und der Spannung in den einzelnen Stationen sowie die Transporteinrichtungen bedeuten einen Mehraufwand im Vergleich zur kreisförmigen Bewegung.

Führung der Werkzeuge. In bezug auf die Anordnung der Werkzeugführungen bestehen wesentliche Unterschiede zwischen Kreis und Gerade. Wie oben beschrieben, wandert auf Schalttischen oder Schalttrommeln die Vorrichtung meist mit. Die Werkzeugführungen müssen deshalb so angebracht sein, daß sie beim Rücklauf der Einheiten gleichfalls aus dem Schwenkbereich der kreisförmigen Bewegungen zurückgezogen werden. Bei der Geraden wird das Werkstück allein oder mit Werkstückträger in die meist tunnelförmige Vorrichtung eingeführt, deren Werkzeugführungen fest sein können und die nur für den Arbeitsgang der betreffenden Station vorgesehen ist.

Zusammenbau der Sondermaschinen. Die Transferstraße der geraden Bewegung besteht aus einzelnen Maschinen, die für sich allein ausgerichtet werden können. Bei Schalttischmaschinen treten durch die Anforderungen an die Umschlaggenauigkeit Schwierigkeiten auf, die sich bei Schalttrommelmaschinen durch die zusätzlich erforderliche Fluchtungsgenauigkeit der Mehrseitenbearbeitung noch steigern.

Mehrseitige Bearbeitung. Bei kreisförmiger Bewegung durch Schalttisch ist in den meisten Fällen nur Ein- oder Zweiseitenbearbeitung möglich, während bei Schalttrommelmaschinen bis zu drei Seiten erfaßt werden können. Die Bearbeitung der dritten Seite muß dann aber durch radial angeordnete Einheiten erfolgen, was beträchtlichen konstruktiven Aufwand bedingt, es sei denn, daß diese Art der Maschinen als werksgenormte Konstruktion bereits vorliegt. Bei der geraden Bewegung ist Dreiseitenbearbeitung ohne weiteres durchführbar.

Bedienung der Sondermaschinen. Bei Schalttisch- und Schalttrommelmaschinen muß der Bedienungsmann das Werkstück einlegen und spannen, falls keine automatischen Zubringeeinrichtungen verwendet werden. Das gleiche gilt für Transferstraßen mit Werkstückträgern. Bei Transferstraßen ohne Werkstückträger genügt eine ungefähre Zuführung von der Rollenbahn in den Bereich der Mitnehmerstange. Hierfür können Arbeitskräfte einer niederen Lohngruppe eingesetzt werden.

Bei jeder Planung ist es von großer Wichtigkeit, alle Vor- und Nachteile sorgfältig gegeneinander abzuwägen. In bezug auf Stationenzahl, Fertigungsfluß, Werkzeugführungen, Mehrseitenbearbeitung und Herstellung ist die Transferstraße überlegen. Nur bei kleinerer Stationenzahl liegen infolge des Unterschiedes im Zubringevorgang Schalttisch- und Schalttrommelmaschinen hinsichtlich der Beschaffungskosten im allgemeinen günstiger.

7.3 Wirtschaftliche Schnittgeschwindigkeiten, Vorschübe und Spanleistungen

Wie die Überschrift schon andeutet, werden die Arbeitsbedingungen einer Sondermaschine allein von der wirtschaftlichen Seite her betrachtet. Auf keinen Fall wird man mit den oberen Grenzwerten operieren, da das meist auf Kosten der Werkzeugstandzeit geht. Normalerweise sollen alle Werkzeuge mindestens einer Schicht von acht Arbeitsstunden, besser aber noch einer Wochenproduktion standhalten, ehe sie nachgeschliffen oder ausgewechselt werden müssen.

7.3.1 Bohren, Senken, Reiben

Beim *Bohren* führt das Werkzeug in der Regel die drehende Hauptbewegung und die geradlinige Vorschubbewegung aus. Die gesamte Zerspanleistung beim Bohren errechnet sich zu

$$P_z = P_s + P_v = M \cdot \omega + F_v \cdot u = M \cdot 2\pi \cdot n + F_v \cdot s \cdot n .$$

Da die Vorschubleistung P_v gegenüber der Schnittleistung P_s infolge der sehr kleinen Vorschubgeschwindigkeit u nur gering ist, wird sie meist vernachlässigt. Die reine Schnittleistung ergibt mit dem Drehmoment M in Nm und der Drehzahl n in 1/min die Leistung

$$P_s = \frac{M \cdot n}{9550} \text{ [kW]} .$$

Die Schnittkräfte und somit das Drehmoment sind abhängig vom Werkstückstoff, von der Werkzeuggeometrie und von den sonstigen Arbeitsbedingungen. Bei zunehmendem Bohrerdurchmesser steigt die Vorschubkraft verhältnisgleich. Das Drehmoment steigt etwa quadratisch mit dem

Durchmesser. Diese und andere Zusammenhänge erschweren die Aufstellung einer Gesetzmäßigkeit für den Leistungsbedarf.

Es existieren jedoch Literaturangaben, denen Drehmomente und Leistung für die verschiedenen Werkstoffe abhängig vom Bohrerdurchmesser und Vorschub zu entnehmen sind.

Die Schnittgeschwindigkeit v ist abhängig vom Werkstoff, vom Vorschub, vom Bohrerdurchmesser und von der Einzellochtiefe. Ferner spielt die Späneabfuhr hierbei eine große Rolle. Im allgemeinen ist es richtig, sofern es die Starrheit des Bohrers oder Werkstückes zuläßt, mit hohen Vorschüben und entsprechend kleineren Schnittgeschwindigkeiten zu arbeiten.

Beim mehrspindligen Bohren in Stahl und mit verschiedenen Durchmessern wählt man eine durchschnittliche Vorschubgeschwindigkeit u von etwa 50 bis 60 mm/min.

Mit *Senken* bezeichnet man das Aufbohren (Aufsenken) vorgebohrter bzw. vorgegossener Löcher. Die auftretenden Kräfte, insbesondere die Vorschubkraft, sind bedeutend geringer als beim Bohren, weil die Bohrermitte nicht belastet ist.

Eine in der Praxis bewährte, aber überhöhte Schnittgeschwindigkeit beim Aufsenken vorgegossener Bohrungen mit hartmetallbestückten Mehrfasenbohrern wird bei der Bearbeitung von Tempergußarmaturen angewandt. Sie beträgt hierbei $v = 75$ m/min, während man sonst üblicherweise über eine Schnittgeschwindigkeit von $v = 50$ bis 60 m/min nicht hinausgeht.

Beim *Reiben* beträgt die Zugabe etwa 0,25 bis 0,5 mm im Durchmesser je nach Größe der Bohrung. Schnittgeschwindigkeit, Vorschub und Schmiermittel haben Einfluß auf die Güte der Oberfläche und die sogenannten Reibüberweite, d. h. den Unterschied zwischen mittlerem Durchmesser der fertigen Bohrung und dem wirksamen Reibahlendurchmesser. Richtwerte für Schnittgeschwindigkeiten und Vorschübe beim Reiben können den einschlägigen Tabellenbüchern entnommen werden.

7.3.2 Gewindebohren und Gewindeschneiden

Die in den Tabellenbüchern angegebenen Schnittgeschwindigkeiten für Gewindebohren können nur Richtwerte sein. Sie müssen dem jeweiligen Werkstoff und den Arbeitsbedingungen angepaßt werden. Bei der Bearbeitung von Tempergußarmaturen mit HSS-Gewindebohrern kann man auch mit erhöhten Schnittgeschwindigkeiten rechnen. Sie beträgt hierbei $v = 15$ bis 18 m/min, während die üblichen Tabellenwerte bei $v = 10$ bis 12 m/min liegen.

Beim Schneiden von Außengewinden, mit selbstöffnenden Köpfen, z. B. mit dem Fabrikat Wagner oder Landis, betragen die Schnittgeschwindigkeiten bei Gewindebearbeitung auf den rohen Guß $v = 12$ bis 18 m/min, bei Gewindebearbeitung auf vorgedrehten Guß $v = 20$ bis 30 m/min.

7.3.3 Fräsen

Das Werkzeug, der mehrschneidige Fräser, führt die drehende Hauptbewegung und in der Regel bei den Sondermaschinen auch die Vorschubbewegung aus. Im Gegensatz zum Drehen, wo die Schneide meist dauernd im Eingriff und der einmal eingestellte Spanquerschnitt gleich bleibt, wird beim Fräsen fortwährend ein anderer Fräserzahn zum Eingriff gebracht, für den wieder der Spanquerschnitt zwischen Null und einem Größtwert schwankt. Die Schnittkräfte sind also auch nicht gleichbleibend, es ändert sich ihre Größe und Richtung. Ferner steht gewöhnlich die Vorschubbewegung nicht unmittelbar im Zusammenhang mit der Drehzahl des Fräsers, so daß die Bewegungs- und Kräfteverhältnisse bedeutend schwieriger zu erfassen sind.

Je nachdem, ob der zur Anwendung kommende Fräser mit Umfangs- oder Stirnzähnen versehen ist, spricht man von Fräsen mit Umfangszähnen (Walzenfräser, Schaftfräser) oder Fräsen mit Stirnzähnen (Messerkopf, Walzenstirnfräser). Ist beim Fräsen mit Umfangszähnen die Vorschubrichtung der Schnittrichtung des Fräsens entgegengerichtet, so fräst man gegenläufig. Dieses ist das auch bei den Sondermaschinen übliche Verfahren. Der für jeden Fräserzahn anfallende Span wächst dabei von Null bis zu einem Größtwert, die Schneide gleitet also zunächst über die bearbeitete Fläche, bevor sie in den Werkstoff eindringt. Ist dagegen die Vorschubrichtung der Schnittrichtung des Fräsers gleichgerichtet, so spricht man vom gleichläufigen Fräsen. Dieses Verfahren wird bei Sondermaschinen weniger angewendet, da hierfür besondere konstruktive Maßnahmen erforderlich sind, um jegliches Spiel im Tischantrieb und damit Fräserbruch zu vermeiden.

Der Leistungsbedarf P_z beim *Fräsen mit Umfangszähnen* nach dem gegenläufigen Fräsverfahren berechnet sich in ausreichender Näherung zu (F_z ist die am Fräser angreifende Zerspankraft)

$$P_z = F_z \cdot u = a \cdot e \cdot k_M \cdot u \, .$$

Setzt man die Schnittbreite a ($\parallel$ Fräserachse) in mm, die Eingriffsgröße e ($\perp$ Fräserachse) in mm, die spezifische Mittenspankraft k_M in N/mm^2 und die Vorschubgeschwindigkeit u in mm/min, so ergibt sich die Zerspanleistung

$$P_z = \frac{a \cdot e \cdot k_M \cdot u}{6 \cdot 10^7} \quad [\mathrm{kW}]$$

und die Antriebsleistung mit P_z in kW zu

$$P_{Mot} = \frac{P_z}{\eta} \quad [\mathrm{kW}].$$

Die spezifische Mittenspankraft k_M ist abhängig von der Mittenspandicke h_M. Sie kann aus Diagrammen entnommen werden (Bild 7.1). Den Einstieg in das Diagramm findet man über die Mittenspandicke, die sich aus Einstelldaten errechnen läßt:

$$h_M = s_z \cdot \sqrt{\frac{e}{D}} = \frac{u}{n \cdot z} \cdot \sqrt{\frac{e}{D}},$$

worin s_z der Vorschub je Fräserzahn ($u = s_z \cdot z \cdot n$), e die Eingriffgröße und D der jeweilige Fräserdurchmesser ist.

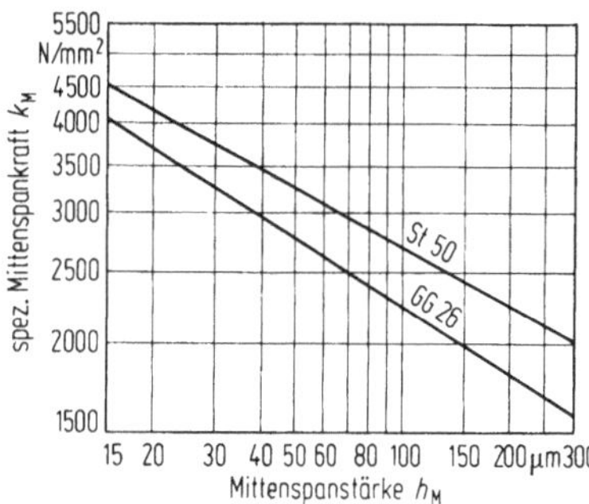

Bild 7.1. Abhängigkeit der spezifischen Mittenspankraft von der Mittenspandicke

Der Wirkungsgrad η der Maschine oder Fräseinheit kann bei neuzeitlicher Konstruktion und bei annähernd voller Belastung mit 0,6 bis 0,7 angenommen werden. Für den Betriebsmann ist dieser Rechnungsgang in der Regel zu umständlich. Es wird in den meisten Fällen genügen, den Leistungsbedarf aus Erfahrungswerten der spezifischen Spanleistung V_s zu ermitteln; er wird dann berechnet aus

$$P_z = \frac{a \cdot e \cdot u}{V_s}.$$

Die Verluste der Fräseinheit sind darin schon berücksichtigt. Die V_s-Werte werden angegeben in cm³/kW min. Sie können für die verschiedenen Werkstoffe Tabellenbüchern entnommen werden.

Beim *Fräsen mit Stirnzähnen* sind bei richtigem Verhältnis von Fräserdurchmesser zur Eingriffsgröße e ($\perp$ Fräserachse) immer mehrere Zähne im Eingriff. Die Spanstärke bleibt während der Dauer des Eingriffs für jeden Fräserzahn annähernd gleich, die Reibungsarbeit und die Schnittkraftschwankungen sind geringer als beim Fräsen mit Umfangszähnen. Die spezifische Spanleistung liegt etwa 15 bis 20% höher als beim Fräsen mit Umfangszähnen. Wenn anwendbar, ist das Fräsen mit Stirnzähnen immer vorzuziehen.

Zur Wahl der Schnittgeschwindigkeit ist zu sagen, daß man beim Fräsen nicht bis zur Grenze des Möglichen geht, da man auf eine lange Standzeit und Lebensdauer abzielt. Die Schnittkraftschwankungen, die eine Neigung zum Rattern zur Folge haben, setzen ebenfalls der Schnittgeschwindigkeit eine Grenze.

Bei Schruppschnitten wird die Schnittgeschwindigkeit klein und der Vorschub entsprechend groß gewählt. Bei Schlichtschnitten wählt man mit Rücksicht auf die Oberflächengüte einen kleineren Vorschub und eine höhere Schnittgeschwindigkeit. In Fällen, wo mit einem Durchgang geschruppt und geschlichtet wird, wählt man entsprechende Mittelwerte.

Dem Vorschub kommt die größte Bedeutung zu. Seine Wahl kann mit Rücksicht auf die verlangte Oberflächengüte, die Beanspruchung des Werkzeuges wie Fräser und Fräseraufnahme und die erforderliche Maschinenleistung erfolgen, wenn man starre Werkstücke und starre Aufspannung voraussetzt. Richtwerte für Schnittgeschwindigkeiten und Vorschübe sind den Tabellenbüchern zu entnehmen.

7.3.4 Überdrehen von Zapfen und Ausdrehen von Bohrungen sowie Plandrehen

Bei Sondermaschinen führt in der Regel das Werkzeug, der Drehmeißel, die umlaufende Hauptbewegung und die geradlinige Vorschubbewebung aus. Die Werkzeugschneide steht dabei dauernd im Eingriff, die eingestellte Spanstärke bleibt gleich, wenn nicht durch die Werkstückgestalt eine Änderung oder Unterbrechung bedingt ist. Die Schnittkräfte bleiben also auch gleich, so daß eine Untersuchung des Drehvorganges verhältnismäßig einfach ist.

Die Zerspankraft F_z als Gesamtkraft addiert sich geometrisch aus den drei Komponenten

$$F_z = F_s + F_v + F_p ,$$

worin F_s die Stützkraft (stets die größte Komponente), F_v die Vorschubkraft und F_p die Passivkraft bedeuten. Da die Passivkraft nur eine stützende Aufgabe hat, die keine Leistung erfordert, ergibt sich die Zerspanleistung P_z lediglich aus dem Leistungsbedarf der anderen beiden Kräfte zu

$$P_z = P_s + P_v = F_s \cdot v + F_v \cdot u .$$

Da im Gegensatz zur Schnittgeschwindigkeit v die Vorschubgeschwindigkeit u meist sehr klein ist, wird die Vorschubleistung $P_v = F_v \cdot u$ auch sehr klein und kann daher in vielen Fällen vernachlässigt werden.

Die Stützkraft F_s, die der umlaufenden Hauptbewegung entgegengesetzt gerichtet ist, errechnet sich aus

$$F_s = A \cdot k_s = a \cdot s \cdot k_s .$$

$A = a \cdot s$ der Spanquerschnitt, a die Schnittiefe, s der Vorschub je Umdrehung und k_s die spezifische Schnittkraft. In vereinfachter Weise ergibt sich dann die Zerspanleistung (als reine Schneidleistung) mit

$$P_z = F_s \cdot v = a \cdot s \cdot k_s \cdot v = a \cdot s \cdot k_s \cdot \pi \cdot D \cdot n .$$

Setzt man die Schnittiefe a in mm, den Vorschub s je Umdrehung in mm, die spezifische Schnittkraft k_s in N/mm² und die Schnittgeschwindigkeit v in m/min, dann ergibt sich die Zerspanleistung

$$P_z = \frac{a \cdot s \cdot k_s \cdot v}{6 \cdot 10^4} \quad [\text{kW}]$$

und die Motorleistung

$$P_{\text{Mot}} = \frac{P_z}{\eta} \quad [\text{kW}].$$

Der Wirkungsgrad η der Spindeleinheit beträgt je nach Drehzahl, Belastung und Ausführung etwa 0,6 bis 0,85. Werte für die spezifische Schnittkraft sind den Tabellenbüchern zu entnehmen. Das minutliche Spanvolumen beträgt mit a und s in mm und v in m/min

$$V = a \cdot s \cdot v \ [\text{cm}^3/\text{min}] .$$

Die zulässige Schnittgeschwindigkeit v ist abhängig vom Werkstoff des Werkstückes und des Werkzeuges. Außerdem wird sie beeinflußt vom Spanquerschnitt A (mit zunehmendem Spanquerschnitt wird v kleiner) und vom Verhältnis a/s (der gleiche Spanquerschnitt läßt ein höheres v zu, je kleiner der Vorschub s und je größer die Schnittiefe a ist).

Bei Dreharbeitsgängen verdient die Schnittgeschwindigkeit die größte Beachtung, weil sie eine Anzahl technischer Vorbedingungen stellt und außerdem unmittelbar die Bearbeitungszeit beeinflußt. Richtwerte für Schnittgeschwindigkeiten bei Dreharbeitsgängen können einschlägigen Tabellenbüchern entnommen werden. Die Praxis hat gezeigt, daß unter bestimmten Voraussetzungen mit weitaus höheren Schnittgeschwindigkeiten gerechnet werden kann, als den Tabellen zu entnehmen ist. Zum Beispiel können bei der Bearbeitung von Grauguß mit einer Härte von 170 bis 180 HB, geglüht, folgende Werte eingesetzt werden:

$v = 240$ m/min ($s = 0{,}16$ mm/U) für Plandrehen, Überdrehen und Ausdrehen (Schlichtbearbeitung) mit Hartmetallwerkzeugen;

$v = 130$ m/min für Schruppbearbeitung ($s = 0{,}35$ mm/U).

Der übliche Tabellenwert wird meist mit etwa $v = 100$ m/min abgelesen werden können.

7.3.5 Feinstdrehen und Feinstbohren

Die Anwendung dieser Verfahren hat im Sondermaschinenbau in den letzten Jahren sehr an Bedeutung zugenommen. Das Kennzeichnende ist die Anwendung sehr hoher Schnittgeschwindigkeiten bei sehr geringen Spantiefen (0,03 bis 0,15 mm) und sehr geringen Vorschüben (0,008 bis 0,08 mm/U). Die Schnittgeschwindigkeiten bewegen sich für Gußeisen zwischen 70 und 120 m/min, für NE-Metalle (Bronze, Weißmetall) zwischen 150 und 300 m/min, für Leichtmetalle zwischen 150 und 400 m/min.

Als Vorteil dieser Verfahren gilt der Fortfall jeder Paßarbeit wie Reiben und Schaben. Die Fertigungszeiten und die Einlaufzeiten beispielsweise für Lager sind erheblich kürzer, die Herstellgenauigkeit ist beachtlich groß. Als zu bearbeitende Werkstoffe eignen sich am besten Messing, Rotguß, Bronze, Weißmetall, Leichtmetall und Gußeisen. Das Werkstück muß schlagfrei und rund vorgearbeitet sein, die Bearbeitungszugabe soll etwa 0,06 bis 0,3 mm im Durchmesser betragen und in engen Toleranzen für alle Werkstücke gehalten werden. Die Bearbeitung erfolgt meist ohne Kühlmittel, schließt es aber auch nicht aus.

In diesem Buch werden folgende Verfahren der spangebenden Formung nicht erwähnt: Gewindefräsen, Schleifen, Räumen und Hobeln. Für sie kommen Sondermaschinen weniger in Betracht, es sei denn, daß es sich um wirkliche Spezialmaschinen handelt, die dann aber nicht aus genormten Einheiten zusammengesetzt sind. Allerdings sind auch wenige Fälle bekannt geworden, wo bei Transferstraßen handelsübliche Räummaschinen oder andere in die Anlage mit einbezogen wurden.

7.4 Berechnung der Taktzeit einer Sondermaschine

Die kalkulatorische Belegungszeit T_{bB} eines Betriebsmittels setzt sich nach Refa (Bild 7.2) zusammen aus der Betriebsmittel-*Rüstzeit* t_{rB} und der

Betriebsmittel-Ausführungszeit t_{aB}, die sich aus der Betriebsmittelzeit je Einheit t_{eB} durch Multiplikation mit der Stückzahl m ergibt. Die Zeit je Einheit des Betriebsmittels t_{eB} wiederum setzt sich zusammen aus der Betriebsmittel-Grundzeit t_{gB} und der Betriebsmittel-Verlustzeit t_{vB}. Die Verlustzeiten umfassen die im Betrieb auftretenden und vom Fertigungsvorgang unabhängigen Arbeitsunterbrechungen. Sie werden in % von der Grundzeit angegeben. Ihre Größe hängt von den jeweiligen Betriebsverhältnissen und der Werkstättenorganisation ab. Sie werden laufend erfaßt und auf alle Werkstücke umgelegt.

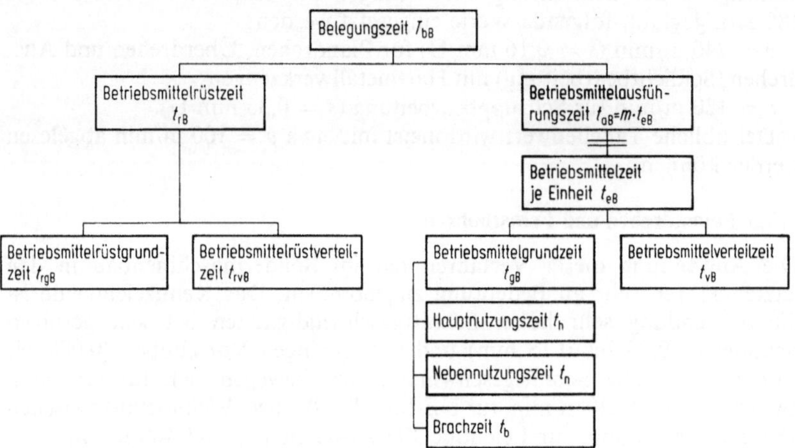

Bild 7.2. Gliederung der Belegungszeit nach Refa

Für die Errechnung der Taktzeit einer Sondermaschine wird nur die Grundzeit berücksichtigt. Diese ergibt sich aus der Summe von Hauptnutzungszeit t_h (hier kurz Hauptzeit genannt), der Nebennutzungszeit t_n (kurz Nebenzeit genannt) und der Brachzeit t_b. Die Brachzeiten können ablaufbedingt, störungsbedingt oder persönlich vom Bediener her bedingt sein. Die Umstände sind für Planungen nicht immer exakt vorher erfaßbar, so daß sich die Ermittlung der Taktzeiten im wesentlichen auf das Erfassen der Haupt- und Nebenzeiten stützt. t_h ist die Zeit, die unmittelbar für Form-, Lage- oder Zustandänderung eines jeden Werkstückes verbraucht wird und während der irgendwelche Merkmale am Stück entstehen. Als Maschinenzeit umfaßt sie die Laufzeit einschließlich der Vor-, Rück- und Überlaufzeit. Hauptzeiten lassen sich errechnen. t_n ist die bei jedem Werkstück regelmäßig auftretende Zeit, die nur mittelbar für die Zustandsform und Lageänderung (daher meist von Hand) benötigt wird. Nebenzeiten werden gemessen und aus Tabellen entnommen.

Die Berechnung der Hauptzeit t_h ist abhängig von der Art der vorzunehmenden Bearbeitung. Für die formelmäßige Erfassung der Vorgänge an den Sondermaschinen bzw. an der entsprechenden Arbeitseinheit ist die richtige Beurteilung und Bewertung des Zerspanungsvorganges Voraussetzung. Bei der Arbeitsplanung muß versucht werden, die Nebenzeiten weitgehend in die Hauptzeiten hinein zu verlegen.

Grundbegriffe, Formelzeichen, Einheiten und Zusammenhänge bei der Berechnung der Hauptzeit sind:

Werkstück- bzw. Werkzeugdurchmesser:	d in mm	
Schnittgeschwindigkeit:	v in m/min,	$v = \frac{d \cdot \pi \cdot n}{1000}$
Werkzeug- bzw. Werkstückdrehzahl:	n in 1/min	$n = \frac{1000 \cdot v}{\pi \cdot d}$
Spantiefe:	a in mm	
Vorschub je Umdrehung bzw. je Hub	s in mm	
Spanquerschnitt:	q in mm²,	$q = a \cdot s$
Vorschubgeschwindigkeit:	u in mm/min,	$u = s \cdot n$
Zahl der Schnitte bzw. Hübe:	i	
gesamter Arbeitsweg:	L in mm,	$L = \Sigma$ Teilwege

Grundprinzip der Leistungskalkulation ist, die Spanleistung $q \cdot v$ (in cm³/min als minutliches Spanvolumen bezeichnet) recht groß werden zu lassen. Praktisch bedeutet dies, bei kleinerer Schnittgeschwindigkeit den Spanquerschnitt wenn möglich groß zu wählen oder umgekehrt, um die gegebene Antriebsleistung der Maschine voll auszunutzen.

Für die einzelnen Bearbeitungsarten ergeben sich folgende Zusammenhänge:

Bohren mit Wendelbohrer, bzw. Senken und Reiben

Hauptzeit: $t_h = \frac{L}{s \cdot n}$.

Der gesamte Arbeitsweg L setzt sich zusammen aus der Anschnittlänge A_l (bei Bohrern mit 118° Spitzenwinkel $A_l = 0{,}3 \cdot d$), der eigentlichen Lochtiefe l und einer kalkulatorischen Zugabe von meist 1 mm als Überlaufweg.

Gewindeschneiden oder Gewindebohren

Anstelle des Vorschubs tritt hier die Gewindesteigung P.

Hauptzeit: $t_h = \frac{L \cdot i}{P \cdot n} \cdot 1{,}7$.

Der Faktor 1,7 berücksichtigt die Rücklaufzeit des Werkzeugs. Die Anschnittlänge A_l wird hier mit etwa 12 P eingesetzt.

Plandrehen

Hauptzeit: $t_h = \frac{L \cdot i}{s \cdot n} \cdot c$.

Der Faktor c beträgt für nicht regelbare Getriebe 0,67 bis 0,75. Der gesamte Arbeitsweg ist $L = d/2$ + Anlaufweg l_A + Überlaufweg l_U.

Die Erkenntnis, daß die gleichförmige Vorschubbewegung des Werkzeugs die Schnittgeschwindigkeit an der Meißelschneide bei gleichbleibender Drehzahl unwirtschaftlich werden läßt, führt zur kalkulationsmäßigen Auswertung einer wirtschaftlicheren Betriebsmaßnahme. Man kann als wirtschaftliche Betriebsmaßnahmen drei Fälle feststellen: die Überhöhung der Schnittgeschwindigkeitsgrenze, die Umschaltung der Drehzahlen während des Planweges zwecks Erreichung der Schnittgeschwindigkeitsgrenze und die stufenlose Regelung der Drehzahlen bei konstanter Schnittgeschwindigkeit.

Bohren mit Bohrstangen

Hierfür gelten die gleichen Beziehungen wie beim Langdrehen, das aber bei Sondermaschinen nur selten vorkommt. Bei langausragenden dünnen Bohrstangen ist der Spanquerschnitt kleiner zu wählen (nur 60 bis 80%).

Hauptzeit: $t_h = \frac{L \cdot i}{s \cdot n}$.

Die gesamte abzunehmende Werkstoffschicht beträgt $(D - d)/2 = i \cdot a$, wenn a die Spantiefe je Schnitt, D der Fertigdurchmesser und d der Anlieferungsdurchmesser ist. Der gesamte Arbeitsweg L ergibt sich wie beim Plandrehen.

Für Schlichtarbeit ist nicht mehr der Gesichtspunkt der wirtschaftlichen Zerspanung, sondern allein die Erfüllung der Forderung der Güte der Oberfläche bestimmend. Man wählt daher bei erhöhter Schnittgeschwindigkeit (50% und mehr) den kleinstmöglichen Vorschub s, je nach verlangter Güte.

Bei normalen Bohrstangenarbeiten soll das Verhältnis von Vorschub zu Spantiefe im Bereich von $^1/_3$ bis $^1/_{10}$ liegen.

Fräsen

Die Hauptzeit ergibt sich aus Fräsweg und Vorschubgeschwindigkeit zu

$$t_h = \frac{L \cdot i}{u}.$$

Der Arbeitsweg L mit An- und Überlauf ist vom Fräserdurchmesser und der Schnittiefe abhängig. Der Fräserüberlauf hängt darüber hinaus von der Bearbeitungsaufgabe wie folgt ab:

Beim reinen Walzenfräsen (Fräserbreite größer als Flächenbreite) und beim Schruppfräsen mit Stirnfräser (Nachbearbeitung ist vorgesehen) ist $l_U = 0$.

Beim Fertigschnitt mit Stirnfräser ist wegen der verlangten Gleichmäßigkeit der Bearbeitungsspuren auf der Oberfläche immer $l_U = l_A$.

Beim Formfräsen mit hinterdrehten Fräsern ist $l_U = {}^1/_3 \cdot l_A$ zu setzen.

Bei der Arbeitsplanung muß nun versucht werden, die erforderlichen Haupt- und Nebenzeiten möglichst weitgehend zusammenzulegen. Dies kann für die Hauptzeiten dadurch erreicht werden, daß entweder an einer Bearbeitungsstation auf einer Fläche eines Werkstücks mehrere Spindeln gleichzeitig arbeiten (Mehrspindelbearbeitung) oder auf mehreren Flächen eine ein- oder mehrspindelige Bearbeitung gleichzeitig erfolgt (Mehrseitenbearbeitung). Wird auf mehreren Bearbeitungsstationen gleichzeitig gearbeitet (Mehrstationenbearbeitung), kommt man ebenfalls zu einer Zusammenlegung von Hauptzeiten. Taktzeitbestimmend ist dann immer diejenige Spindel oder Station mit der größten Hauptzeit. Die Nebenzeiten sollen in die Hauptzeiten hineingelegt werden.

Zu den Nebenzeiten zählen Be- und Entladen der Maschine, Spannen und Lösen des Werkstückträgers bzw. der Spannvorrichtung, geradliniger oder kreisförmiger Transport von Arbeitsstation zu Arbeitsstation, Eilgänge der Arbeitseinheiten vor und zurück. Die beiden erstgenannten Zeiten lassen sich in den meisten Fällen durch Mechanisieren und Automatisieren in die Hauptzeit legen. Beim Werkstücktransport und ebenso bei den Werkzeugbewegungen nach den beiden letztgenannten Zeiten ist dies schon schwieriger. Die Taktzeit einer Sondermaschine ergibt sich also aus der größten Hauptzeit zuzüglich der nicht während der Hauptzeit ausführbaren Nebenzeiten.

7.5 Steuerung des Funktionsablaufes

Arbeitseinheiten, bei denen Dreh- und Vorschubbewegungen auszuführen sind, richtet man mit Einzelantrieben aus. Elektromotoren, ggf. unter Zwischenschaltung geeigneter Getriebe, oft auch als Getriebe-Motoreneinheiten gebaut, sowie hydraulische und pneumatische Zylinder dienen zur Betätigung. Die Versorgung mit der erforderlichen Antriebsenergie übernimmt das Stromnetz, ein Hydraulikaggregat bzw. ein Druckluftnetz mit Kompressoranlage. Zur Koordinierung der Bewegungsabläufe werden Steuereinheiten eingesetzt, die örtlich wirksam sein können, in der Regel jedoch eine zentrale Auslösung und Überwachung der Positionierungs-, Arbeits-, und Nebenfunktionen bewirken.

Für elektrische Antriebe verwendet man bevorzugt Bremsmotoren, um durch äußerste Verkürzung der Zeiten zwischen dem Stillstandskommando der Steuerung und seiner Ausführung eine exakte Positionierung zu gewährleisten oder einen unerwünschten Werkzeugnachlauf zu vermeiden. Für hydraulische Antriebe baut man Ölbehälter und Arbeitsmotor mit Pumpe zu einer Einheit zusammen, dem sogenannten Hydraulikaggregat.

Zur Steuerung eines Arbeitsablaufes, der bei der Maschine selbsttätig verläuft, bringt man in den Energiestrom ein Stellglied, das seinen Befehl von Hand oder einem Programmgeber erhält und danach die Steuerstrecke beeinflußt. Entsprechend der Antriebsenergie kann die Steuerung elektrisch, hydraulisch, pneumatisch oder kombiniert arbeiten. Die elektrischen Steuerelemente werden separat im sogenannten Elektroschrank untergebracht, über dessen Abmessungen bei den meisten Sondermaschinenbenutzern werkseigene Normen vorliegen, die oftmals Bestandteil der Liefervorschriften sind. Das gleiche gilt für die Hydraulikausrüstung.

Die Hersteller von Sondermaschinen werden von Kunden und Interessenten immer wieder gefragt, ob ein Übergang von der üblichen Schützensteuerung zur Elektronik möglich ist. Gemeint ist in den meisten Fällen eine

NC-Steuerung oder noch weiter gegriffen eine frei programmierbare Steuerung. Der Grund hierfür ist bei der gewünschten Kürzung der Umrüstzeiten zu suchen. Was kann aber bei den Sondermaschinen (bei Prototypen, nicht bei Serienmaschinen) an Umrüstzeiten gekürzt werden?

Der Werkzeugwechsel wird auch weiterhin bei mehrspindligen Sondermaschinen von Hand erfolgen müssen (selbstverständlich mit außerhalb der Maschine voreingestellten Werkzeugen), da es einfach nicht möglich ist, vor jede Arbeitsspindel einen Werkzeugwechsler zu setzen. Der Wechsel der Spannvorrichtungen wird ebenfalls auch künftig von Hand geschehen, wobei schnell wechselbare Formbacken bzw. Spanneinsätze selbstverständlich sind. Somit verbleiben drei weitere veränderliche Maschineneinstellungen zu berücksichtigen, nämlich Änderung der Spindeldrehzahlen, Änderung der Schlittenhübe und Änderung der Vorschubgeschwindigkeiten.

Eine einfache und schnelle Drehzahländerung ist immer noch bei einem Mehrganggetriebe das Schalten von Hand, und zwar durch Umlegen von Schalthebeln. Die Drehzahländerung über Gleichstrommotoren-Antrieb ist theoretisch möglich, in der Praxis aber wegen des Verlaufs der ziemlich ungünstigen Leistungskurve problematisch. Für die Änderung der Schlittenhübe kann als einfachste Lösung das Auswechseln kompletter Nockenstechen und von außen gut zugänglicher Festanschläge angesehen werden. Alle anderen Lösungen sind meist kostspieliger. Bei hydraulischen Schlitteneinheiten ist die stufenlose Vorschubänderung über elektromotorischen Antrieb der Drossel relativ einfach, bringt aber gegenüber der handbetätigten Drossel sehr wenig. Das gleiche gilt für elektromechanische Vorschübe mittels Spindelantrieb.

Um wenigstens teilweise von der Schützensteuerung mit den bekannten Verschleißerscheinungen wegzukommen, kann man sich der sogenannten Diodensteuerung bedienen, die wenigstens den Vorteil des geringeren Verschleißes und der schnelleren Fehlersuche (über Anzeige durch Leuchtdioden) aufweist. Dabei werden aber auch weiterhin die elektrischen Antriebsmotoren, der sogenannte Kraftkreis, über Schützen gesteuert.

8 Wirtschaftlichkeit spanender Sondermaschinen

In Europa steht bei der Entscheidung über eine Maschinenbeschaffung nicht die Produktivität und Wirtschaftlichkeit, sondern in den meisten Fällen der Preis an erster Stelle. Diese Tatsache hat folgende Ursachen:

Es fehlt eine wirkliche Wertanalyse in Form eines Wirtschaftlichkeitsvergleichs; Nutzen und Aufwand werden nicht genau untersucht.

Die Tatsache, daß Maschinen höherer Qualität nicht nur qualitativ bessere Bearbeitungen, sondern auch quantitativ höhere Leistungen bringen, wird oft übersehen.

Infolge Organisationsform und innerbetrieblicher Anordnungen werden dem Einkäufer Entscheidungen überlassen, für die ihm eingehende wirtschaftliche und technische Kenntnisse fehlen.

Es sei zugegeben, daß der zunehmende Grad der Kompliziertheit moderner Sondermaschinen es dem Käufer erschwert, sich ein genaues Bild über die Wirtschaftlichkeit des Einsatzes der verschiedenen Maschinen zu machen. Andererseits ist eine stetig steigende Tendenz zu beobachten, die Beratung des Verkäufers in dieser Hinsicht in Anspruch zu nehmen. Diese Tendenz macht sich ganz besonders bemerkbar, wenn konventionelle mit Sondermaschinen verglichen werden sollen.

8.1 Wirtschaftlichkeitsfaktoren

Wichtig für den Käufer ist nur, was ihn die Bearbeitung eines Werkstücks auf einer zu beschaffenden Maschine kostet. Ausschließlich diese Kosten beeinflussen den Preis seines Produktes und seinen Gewinn. In diese Kosten gehen aber viele Faktoren ein, die nicht durch den Maschinenpreis bestimmt werden. Die zu vergleichenden Einflußgrößen sind:

- Gesamtbearbeitungszeit (ohne Laden und Entladen),
- Arbeitsplanungskosten pro Werkstück,
- Arbeitsmittel-Konstruktionskosten pro Werkstück,
- Summe der Vorbereitungskosten pro Werkstück,
- Auftragserstellungskosten pro Werkstück,
- Terminsteuerungskosten pro Werkstück,
- Vorrichtungsersatz- und Instandhaltungskosten pro Werkstück,
- Rüstkosten pro Werkstück,
- auftragsabhängige Wiederholkosten pro Werkstück,
- Maschinenleistung in Stück/Stunde,

- Maschinenkosten (einschichtig) in DM/Stunde,
- Raumkosten in DM/Stunde,
- feste Maschinenkosten in DM/Stunde,
- Maschinenkosten in DM/Stück,
- Maschineninstandhaltung in DM/Jahr, DM/Stunde und DM/Stück,
- Energie und Hilfsstoffe in DM/Stunde und DM/Stück,
- Werkzeugkosten etwa in DM/Stück,
- Personalkosten in DM/Stück,
- Kontroll- und Ausschußkosten in DM/Stück,
- bewegliche Maschinenkosten in DM/Stück.

Bei Berücksichtigung aller Faktoren kann festgestellt werden, daß es für den produzierenden Betrieb nicht wichtig ist, wie hoch der Stundensatz einer Maschine ist oder welches die Anschaffungspreise sind, sondern einzig und allein ausschlaggebend für die Preisgestaltung des fertigen Produktes sind die Bearbeitungskosten der auf der Maschine gefertigten Teile.

Der Verein Deutscher Maschinenbau-Anstalten (VDMA) hat eine überarbeitete Maschinenstundensatzkarte herausgebracht, die, sorgfältig ausgefüllt, eine sehr gute Hilfe zur Kostenermittlung darstellt. Beim Durchrechnen von Beispielen kann es passieren, daß die Bearbeitungszeit die Stückkosten so beeinflussen kann, daß die Bearbeitung auf einer um mehr als 50% teureren Maschine um mehr als 25% billiger wird. Bei einem exakt durchgeführten Rechnungsgang läßt sich relativ einfach und für jede Bearbeitungsaufgabe prüfen, ob die konventionelle oder die moderne Sondermaschine, also die „billige" oder „teure" Maschine wirtschaftlicher ist, so daß man zum Ergebnis kommen kann, daß es sich nicht lohnt, „billig" einzukaufen, um teuer fertigen zu müssen.

8.2 Beispiel und Gegenüberstellung von Universalmaschine und Sondermaschine

Bild 8.1 zeigt die Darstellung der Bearbeitungsfolge an einem Kalkulationsbeispiel aus der Armaturenindustrie in der konventionellen Reihenfertigung. Bild 8.2 zeigt die Verbesserung der Bearbeitungsfolge durch Einsatz von Sondermaschinen.

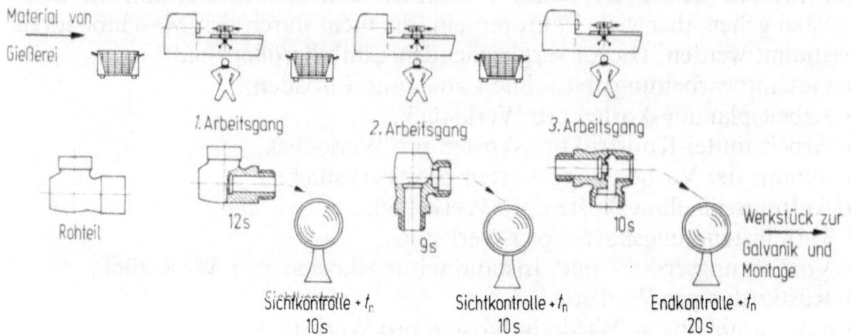

Bild 8.1. Bearbeitungsfolge in der konventionellen Reihenfertigung

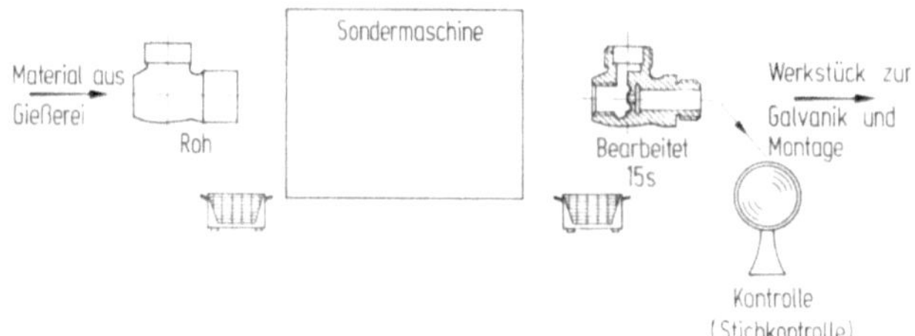

Bild 8.2. Verbesserung der Bearbeitungsfolge durch Einsatz einer Sondermaschine

Leistungsvergleich

Angenommene Bearbeitung: Gegossenes T-Stück aus Messing.

Reihenfertigung	Fertigung auf Sondermaschine
Die Reihenfertigung für dieses Werkstück setzt 3 Universalmaschinen mit 3 Bedienungspersonen voraus. Erreichte Stückzeit, komplett bearbeitet, 71 s (hierbei sind Nebenzeiten für An-, Ab- und Weitertransport zwischen den Maschinen sowie Zeiten für Sicht- und Endkontrolle enthalten). Leistung pro Jahr bei angenommener Produktionszeit von 150 h/Monat ergibt $\frac{150 \cdot 12 \cdot 3600}{71} = 91\,270$ Stck./Jahr.	Die Fertigung auf einer Sondermaschine erfordert eine Bedienungsperson (ungelernte Hilfskraft). Erreichte Taktzeit 12 s (hierbei sind Nebenzeiten für An- und Abtransport sowie Zeiten für Sicht- und Endkontrolle enthalten). Leistung auf einer Sondermaschine pro Jahr bei einer angenommenen Produktionszeit von 150 h/Monat $\frac{150 \cdot 12 \cdot 3600}{12} = 540\,000$ Stck./Jahr.

Kostenvergleich

Im ersten Jahr nach der Anschaffung ergibt sich folgendes Bild:

Reihenfertigung	Fertigung auf Sondermaschine
Anschaffungspreis der Anlage mit 3 Maschinen und Werkzeugkosten + 20% auf Maschinenanschaffungspreis (bewegliche und feste auftretende Kosten)	Anschaffungspreis der Anlage mit 1 Maschine und Personalkosten 1 Person + 10% auf Maschinenanschaffungspreis (bewegliche und feste auftretende Kosten)
DM 213750,–	DM 258500,–

Unter Berücksichtigung der oben angenommenen Zahlenwerte ergeben sich für die Sondermaschine Mehrkosten gegenüber der Reihenfertigung. Diese sind jedoch im Rahmen des Leistungsvergleichs der möglichen Umsatzerweiterung des Unternehmens gegenüberzustellen.

Kapazität und Umsatz

Umsatz pro Jahr bei einem angenommenen Erlös pro Werkstück von DM 5,—.

Reihenfertigung	Sondermaschine
Produktion: 91270 Stück. Diese Zahl multipliziert mit dem Erlös von 5,— DM/Stck. = DM 456350,—.	Produktion: 540000 Stück. Diese Zahl multipliziert mit dem Erlös von 5,— DM/Stck. = DM 2700000,—.

Dieser Zahlenvergleich veranschaulicht den möglichen Marktgewinn bei der Umstellung der Produktionsart von Reihenfertigung auf eine Sondermaschine von 83,3 %.

9 Bauformen der Sondermaschinen

Das Baukastensystem hat sich bei den Sondermaschinen als besonders vorteilhaft erwiesen. Es besteht in einer Aufgliederung der Maschinen in einheitliche, vielseitig verwendbare Baugruppen und Bauteile, die die Voraussetzungen für den Serienbau bei der Herstellung erfüllen, ohne die vielen Forderungen der Fertigungsplanung zu beeinträchtigen. Aus den in den Abschnitten 2, 3 und 4 beschriebenen Einheiten lassen sich ohne große zusätzliche Konstruktionsarbeit in kurzer Bauzeit die verschiedensten Sondermaschinen zusammenstellen. Umgekehrt können diese Baukastenmaschinen bei einer Änderung des Werkstückes wieder in ihre Einheiten zerlegt und für neue Bearbeitungsaufgaben zusammengebaut werden. Derartige Sondermaschinen sind also nicht mehr ausschließlich werkstückgebunden, sondern wandelbar und flexibel.

9.1 Sonderbohrmaschinen (Bild 9.1)

Einige der gebräuchlichsten Anordnungen bei Sonderbohrmaschinen für verschiedene Arbeitsweisen zeigt Bild 9.2. In jeder Anordnung können die Werkstücke nur einzeln und damit nacheinander bearbeitet werden, was zu einer nur „geringeren" Stückleistung führt. Bei den Anordnungen nach Bild 9.3 werden „höhere" Stückleistungen erzielt, weil immer mehrere Werkstücke gleichzeitig bearbeitet werden können.

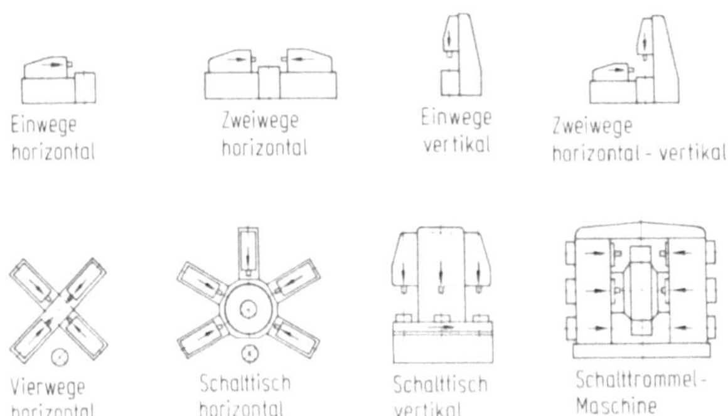

Bild 9.1. Bauformen von Sonderbohrmaschinen

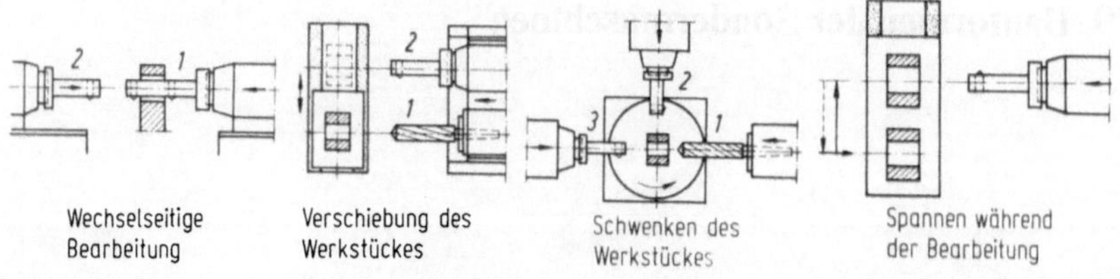

Bild 9.2. Arbeitsweisen für „geringe" Mengenleistung

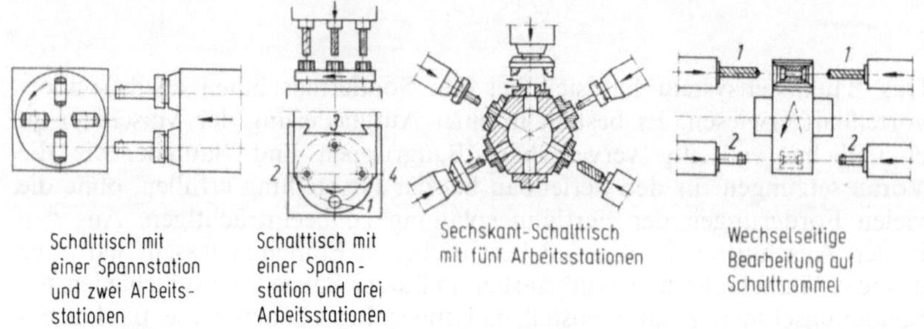

Bild 9.3. Arbeitsweisen für „höhere" Mengenleistung

9.2 Sonderfräsmaschinen

Die Bauformen der Sonderfräsmaschinen sind denen der Sonderbohrmaschinen sehr ähnlich, obwohl meist die Vorschubbewegung nicht in

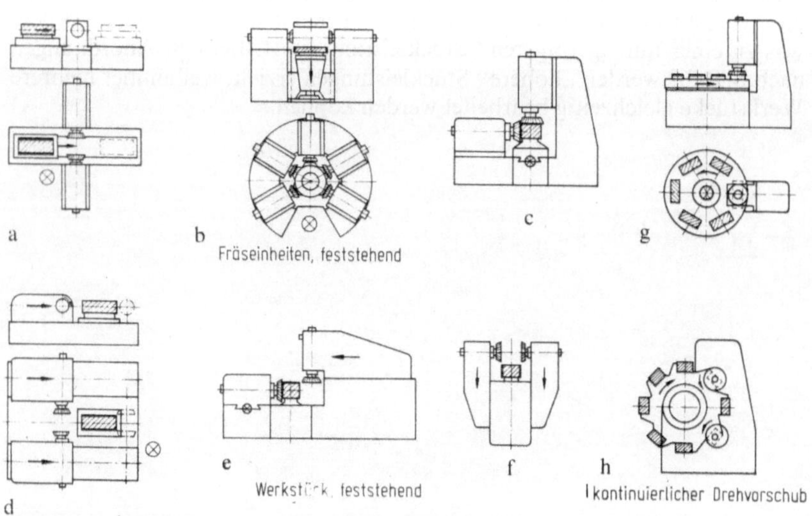

Bild 9.4a–h. Bauformen von Sonderfräsmaschinen

Richtung der Spindelachse, sondern quer dazu durchzuführen ist. Eine Bauform nach Bild 9.4a, b, c bei der das Werkstück auf einem Tisch mit Vorschubbewegung am Fräser vorbeigeführt wird, ist gebräuchlicher als die umgekehrte Ausführung mit feststehendem Werkstück und beweglichem Frässchlitten nach Bild 9.4d, e, f. Die letzte Bauform hat zahlreiche Nachteile. Insbesondere versuchen die Schnittkräfte, den Schlitten von der Führung abzuheben. Weiter sind zwei Vorschubantriebe erforderlich, und die Parallelität der beiden gefrästen Flächen ist nicht ohne weiteres gegeben. Vor allem aber ist das Werkstück außerordentlich schlecht zugänglich. Von Vorteil ist dagegen, daß bei dem feststehenden Werkstück der Transport, die Indexierung und Spannung bei einer automatischen Fertigungsstraße günstiger gestaltet werden kann. Es gibt aber auch für das mit Vorschub bewegte Werkstück eine günstige Lösung der Spannung. Die feststehende Fräseinheit kann ohne weiteres nach Bild 9.4g auch vertikal oder in einer sternförmigen Gruppierung nach Bild 9.4h angeordnet werden.

Die feststehenden Fräseinheiten sind also vielseitiger verwendbar als die beweglichen, die schon für die vertikale Ausführung nach Bild 9.4f anders gebaut werden müssen. Sonderfräsmaschinen mit kontinulierlichem Drehvorschub (Bild 9.4g) und Trommelfräsmaschinen für eine beidseitige Bearbeitung nach Bild 9.4h sind in der Mengenfertigung besonders leistungsfähig, da die Spannzeit in die Bearbeitungszeit fällt. Es lassen sich auch bei den Ausführungen mit hin- und hergehendem Vorschub hohe Stückleistungen erzielen, wenn für Spannung und Transport entsprechende Sondereinrichtungen zur Verkürzung der Nebenzeiten vorgesehen werden.

Die gebräuchlichsten Arbeitsgänge beim Fräsen werden in Bild 9.5 veranschaulicht. Wo immer möglich, ist wegen der günstigeren Spanbildung das Planfräsen (Stirnen) mit Messerköpfen (a) vorzuziehen. Vorteilhaft ist dabei das doppelseitige Fräsen (b), da es zwei genau parallele Flächen in einem Durchgang erzielt. Aber auch ein gleichzeitiges Fräsen von zwei Flächen im Winkel von 90° (c) kann sehr günstig sein, da nach dem Umspannen des Werkstückes um 180° zwei bearbeitete Flächen die weitere Lage für die Spannung und das Ausrichten bestimmen. Das Fräsen an drei Seiten eines Werkstückes (d) setzt die Möglichkeit einer sicheren Spannung innerhalb der zu fräsenden Flächen voraus. Vier und mehr Flächen am Umfang eines Werkstückes (e) lassen sich bei gegebener Spannmöglichkeit am einfachsten mit Senkrechtvorschub des Werkstückes gleichzeitig bearbeiten. Bei Verwendung von Eckenfräsköpfen ist die gleichzeitige Bearbeitung eines kleinen Ansatzes möglich (f). Auch kann der Messerkopf gut mit einem Scheibenfräser kombiniert werden (g), beispielsweise für die gleichzeitige Bearbeitung der Lagerpartie eines Kurbelgehäuses.

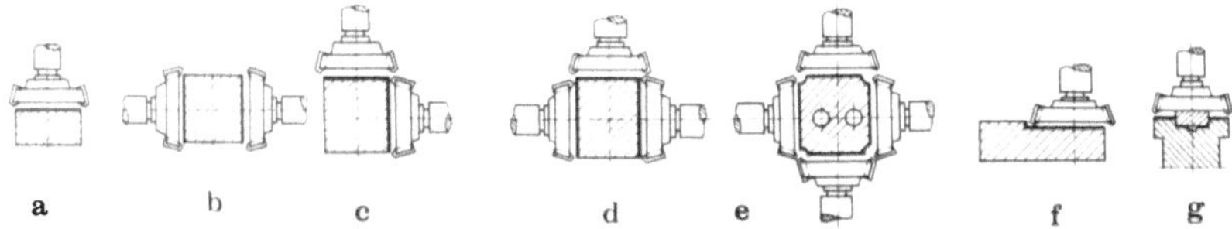

Bild 9.5a—g. Arbeitsweisen beim Stirnfräsen auf Sonderfräsmaschinen

Auch das Fräsen mit Walzen-, Schlitz-, Form- und Satzfräsern (Bilder 9.6a bis h) kann neuerdings erheblich leistungsfähiger gestaltet werden, nachdem für diese Fräsart entsprechende Hartmetallfräser entwickelt wurden und geeignete, leistungsfähige Sonderfräsmaschinen zur Verfügung stehen, bzw. gebaut werden können.

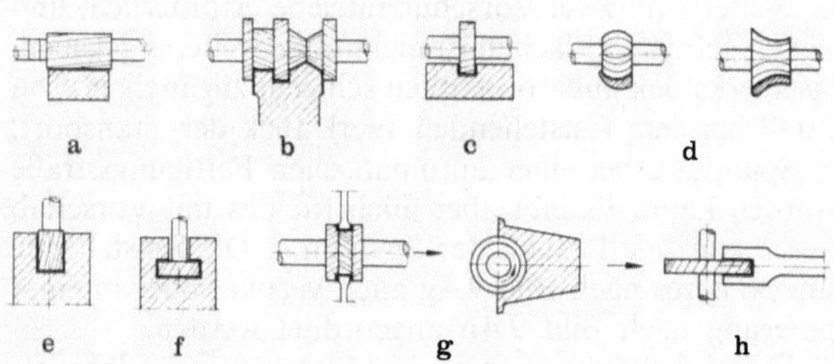

Bild 9.6a—h. Arbeitsweisen beim Walzen-, Form- und Satzfräsen auf Sonderfräsmaschinen

Die Bearbeitung mit mehrschneidigen Fräswerkzeugen ist ebenfalls auf recht vielseitige Weise möglich. Schruppen im Vorlauf und Schlichten im Rücklauf nach Bild 9.7a ist mit Rücksicht auf ein Verziehen durch die Festspannung bzw. durch die Erwärmung nur bei geringen Genauigkeitsansprüchen zu empfehlen, dagegen immer dort, wo die Zugabe zwei Durchgänge verlangt. Um einen Arbeitsgang einzusparen, lassen sich nach

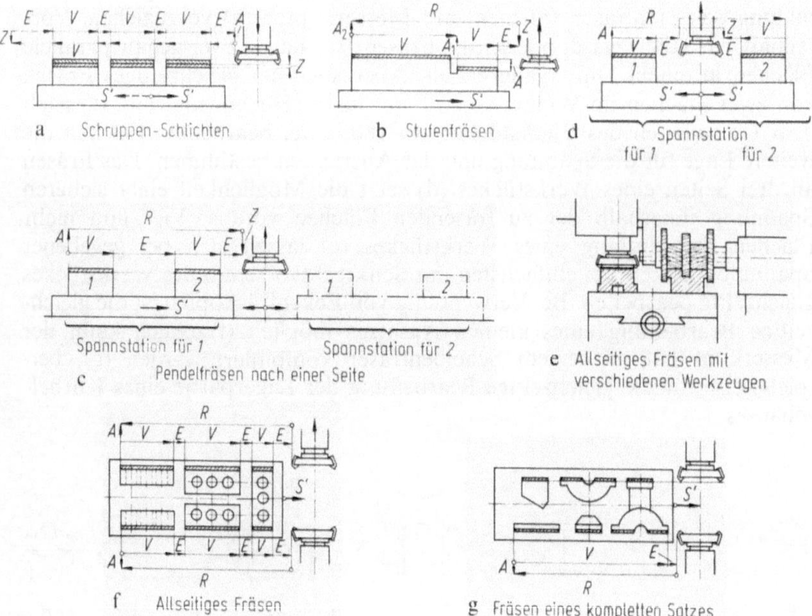

Bild 9.7a—g. Arbeitsweisen beim Fräsen auf Sonderfräsmaschinen

Bild 9.7b auch gestufte Flächen mit axialer Fräserabhebung in einem Durchgang bearbeiten. Für eine hohe Stückleistung ist vor allem das Pendelfräsen zu empfehlen. Dabei ist der Arbeitsweise nach Bild 9.7c der Vorzug zu geben, da nach Bild 9.7d die Frässpindel nicht mehr mit „Sturz", d. h. mit einer kleinen Neigung zum Freischneiden, montiert werden kann. Bei absolut rechtwinkliger Lage zwischen Frässpindel und Vorschubrichtung läßt sich ein Nachfräsen der hinten vorbeilaufenden Schneidenzähne nicht vermeiden. Es muß auch — um eine saubere Fläche zu erhalten — der Fräsweg um den Fräserdurchmesser verlängert werden (vgl. Abschn. 7.3). Beim Pendelfräsen von Leichtmetallteilen treten oft Spannschwierigkeiten durch die abgeschleuderten Späne auf, wodurch hier ein exaktes Spannen erschwert wird.

Bei sehr langen Hüben und Laufzeiten ist ein Spannen des Werkstückes in zwei Lagen nach Bild 9.7e vorteilhaft. Um die Zahl der für eine hohe Produktion benötigten Fräsmaschinen zu erniedrigen, können nach Bild 9.7f auch mehrere Werkstücke in verschiedener Lage so aufgespannt werden, daß nach einem Durchgang stets ein allseitig bearbeitetes Werkstück anfällt. Schließlich lassen sich nach Bild 9.7g auch sämtliche Werkstücke, beispielsweise für einen Kühlkompressor, so auf den Tisch aufspannen, daß nach einem Durchgang jeweils ein vollständiger Satz für die weitere Bearbeitung zur Verfügung steht.

9.3 Sondermaschinen mit gemischter Bearbeitung

Auf Sondermaschinen können nicht nur Bohr- oder Fräs- oder andere Arbeiten durchgeführt werden, sondern auch vorzugsweise Arbeiten mit verschiedenartigen Arbeitsgängen, z. B. Bohren *und* Fräsen, Bohren *und* Gewindebohren, Plandrehen *und* Bohren usw. Es können alle Kombinationsmöglichkeiten verwirklicht werden, die die Bearbeitung eines Werkstückes erfordern.

10 Ausrüstung der Sondermaschinen

10.1 Werkzeuge

Sondermaschinen mit umlaufenden Werkzeugen haben in der Serien- und Massenfertigung größte Bedeutung. Durch Verwendung DIN- und werksgenormter Werkzeuge ist die Komplettierung wesentlich vereinfacht worden. Die verantwortliche Aufgabe des Werkzeugmaschinenbaues kann nicht nur in der Lieferung von einzelnen Einheiten liegen, sondern in der betriebsfertig eingerichteten, leistungsfähigen und genau arbeitenden Sondermaschine oder Transferstraße. Hierzu zählt auch die Lieferung einwandfreier Werkzeuge, die Fachkenntnisse voraussetzt. Die starre, schwingungsfreie Aufnahme der Schnitt- und Vorschubkräfte und eine günstige Ausbildung der Werkzeuge können nur in enger Zusammenarbeit von Fertigungsbetrieb, Werkzeugbau und Werkzeugmaschinenbau erfolgreich gelöst werden.

Einige grundsätzliche Arbeitsweisen von Bohr- und Plandrehwerkzeugen zeigt Bild 10.1. Danach kann die Bearbeitung eines Werkstückes auf Sondermaschinen auf sehr verschiedene Weise durchgeführt werden. Bei der Bearbeitung von Bohrungen mit der Bohrstange sind bestimmte Verhältniszahlen von Bohrungsdurchmesser zu Bohrungslänge bei der Ausbildung der Werkzeuge zu beachten. Diese Erfahrungswerte sind in Bild 10.2 zusammengestellt. Selbstverständlich können sie in einzelnen Fällen über- bzw. unterschritten werden. Durch Einsatz von verbesserten Hartmetallschneiden an Bohrstangen und Messerköpfen konnte die Ausbringung der Maschinen erheblich gesteigert und gleichzeitig die Oberflächengüte und Standzeit erhöht werden. Für die Planung von Hartmetallwerkzeugen sollten die Erfahrungen der Hersteller dieser Spezialwerkzeuge herangezogen werden.

Spezialwerkzeuge besonderer Art und Bedeutung sind in diesem Zusammenhang die mit *Wendeschneidplatten* bestückten Sonderwerkzeuge. Ohne diese kleinen Hartmetallplättchen wäre eine Zerspanung mit den komplizierten Werkzeugen, wie sie heute von einigen Spezialfirmen angeboten werden, nicht denkbar. Sinn der Werkzeuge ist fast immer, mehrere Arbeitsgänge an einer Station zur gleichen Zeit ablaufen zu lassen. Damit spart man entweder Arbeitszeit oder teure Bearbeitungsstationen. Ein schnelles Auswechseln der Wendeplättchen versteht sich von selbst.

Die Hersteller von Wendeschneidplatten bieten meist auch noch ein umfangreiches Programm von Werkzeugen mit Wendeschneidplatten an

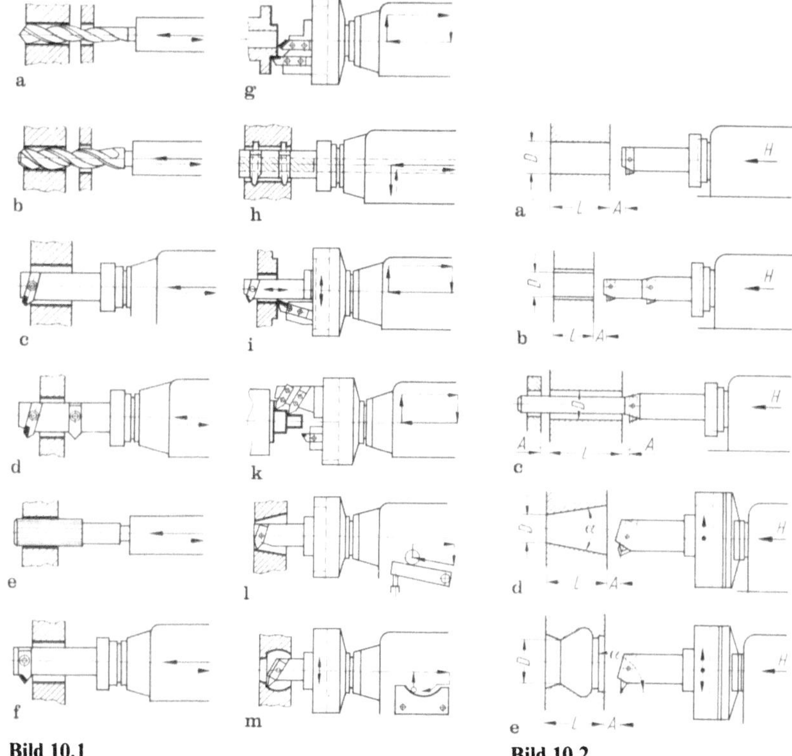

Bild 10.1 **Bild 10.2**

Bild 10.1 a—m. Arbeitsweise bei Bohr- und Plandrehbearbeitungen.
Linke Reihe: mit Bohrvorschub allein. **a** Bohren ins Volle, **b** Aufsenken, **c** Aufbohren, **d** Schruppen und Schlichten, **e** Reiben, **f** Feinbohren.
Rechte Reihe: mit Bohr- und Planvorschub. **g** Planen mit Planscheibe, **h** Einstechen mit Planzug, **i** Aufbohren und Planen, **k** Zapfen bearbeiten, **l** kegelig bohren, **m** Nachformbohren nach Bezugsstück mit Taster

Bild 10.2 a—e. Begrenzung der Bearbeitungsaufgaben von Werkzeug und Maschine. **a** Bohrstange fliegend mit einer Schneide, $L = 3D$, $H = L + A$, **b** Bohrstange fliegend mit zwei Schneiden, $L = 2D$, $H = 2L + A$, **c** Bohrstange mit vorderer Führungsbuchse, $L = 5D$, $H = L + 2A$, **d** kegelig bohren unter Verwendung der Planscheibe, $L = 2D$, $\alpha = 20°$, **e** Nachformdrehen mit Hilfe hydraulischer Fühlersteuerung, $L = 2D$, $\alpha = 0 \dots 90°$

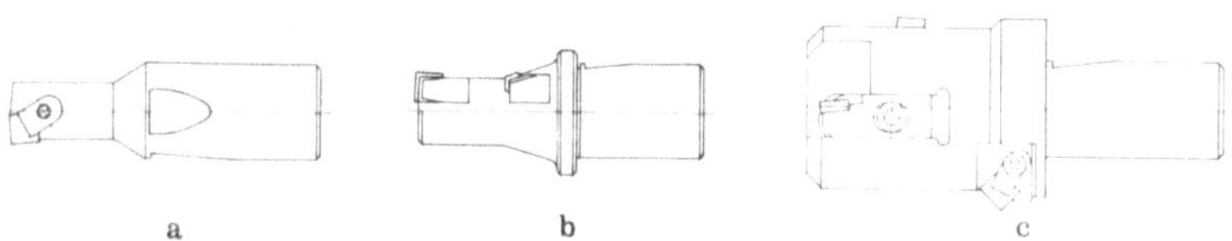

Bild 10.3 a—c. Drei besonders typische Spezialwerkzeuge für Umlaufbearbeitung. **a** einschneidende, **b** zweischneidige, **c** dreischneidige Ausführung (Valenite-Modco, Sinsheim)

(Bild 10.3). Abgesehen von Drehmeißeln mit Wendeplatten handelt es sich um folgende Werkzeuge:

Bohrstangen mit einstellbaren und auswechselbaren Bohrköpfen zum Schruppen, Fertigbohren, Anfasen, Lang- und Plandrehen von 12,7 mm ∅ aufwärts je nach Kapazität der Arbeitseinheit;

Präzisionsbohrstangen mit Noniusmikrometer für schnelle, wiederholbare Einstellgenauigkeit von wenigen µm im Durchmesser;

verstellbare Präzisionsbohrstangen für die Bearbeitung kleiner Durchmesser (ab 10 mm ∅);

Wendeplattenfräser, die hohe Wirtschaftlichkeit gewährleisten und bessere Oberflächen und Leistung erzielen;

Stufenfräser mit Wendeplatten für Zerspanung bei geringerem Leistungsbedarf. Durch axiale und radiale Stufung wird eine ideale Verteilung der Spanabhebung erreicht.

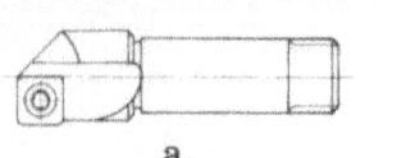

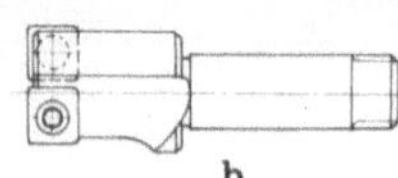

Bild 10.4a u. b. Zur Mitte schneidende Schaftfräser mit Wendeschneidplatten (Valenite-Modco, Sinsheim)

Schaftfräser mit Wendeschneidplatten, zur Mitte schneidend. Die Vorteile dieser Werkzeuge (Bild 10.4) sind ihre Leistungsfähigkeit für einen großen Bereich von Fräsaufgaben, wie Stirn- und Umrißfräsen, Tauchfräsen, Senken und mehr, das rasche und einfache Wenden der Platten und die vierfachen Spanleistungen im Vergleich zu Werkzeugen aus HSS beim Bearbeiten von Grauguß, Stahl und Nichteisenmetallen. Nachfolgend werden Anfangs-Schnittgeschwindigkeiten (ASG) und Vorschübe vorgeschlagen. Sie sind für beide Ausführungen anwendbar, einschneidig und doppelschneidig.

Werkstoff	ASG in m/min	Vorschub in mm/min
Gußeisen	75 ... 120	75 ... 250
Stahl	100 ... 135	100 ... 250
Nichteisenmetalle	≦210	200 ... 400

Einstechwerkzeuge mit integrierter Plattensitz-Klemmenkassette, die aus einer minimalen Anzahl von Teilen bestehen, nämlich nur Schaft, Plattenkassette und Klemmschraube.

Ein Hersteller hat ein Kurzklemmhalter-System herausgebracht, welches nach ISO-Norm fünf verschiedene Größen umfaßt. Verwendet werden Wendeschneidplatten mit negativen oder positiven Spanwinkeln und in verschiedenen Ausführungen, z. B. mit oder ohne Spanbrecher. Sämtliche Klemmhalter haben Axialverstellung, Klemmhalter zum Innendrehen und Plandrehen, außerdem noch Radialverstellung. Die Wendeschneidplatten werden durch Klemmen festgehalten, die gegen Verdrehen gesichert sind. Ein Austausch von negativen auf positive Klemmhalter ist gewährleistet.

Nachstehend ein *Beispiel* aus der Praxis. Auf einer Transferstraße wird ein Hinterachsgehäuse für einen Lkw bearbeitet. Es muß ausgedreht und plangedreht werden.

Entweder würde man das Werkstück durch zwei Stationen laufen lassen, oder man könnte mit der Bohrstange, die auf einem Plandrehkopf aufgesetzt ist, die Bohrung ausdrehen und dann über einen Schieber gesteuert plandrehen. Aber diese letzte Lösung kostet Zeit. Es würde etwa die doppelte Bearbeitungszeit benötigt.

Die Konstrukteure eines Spezialwerkzeugherstellers haben ein Sonderwerkzeug (Bild 10.5) konstruiert, mit dem beide Bearbeitungsgänge in einer Station ohne Zeitverlust durchgeführt werden können. Es wird bereits während des Ausdrehens plangezogen.

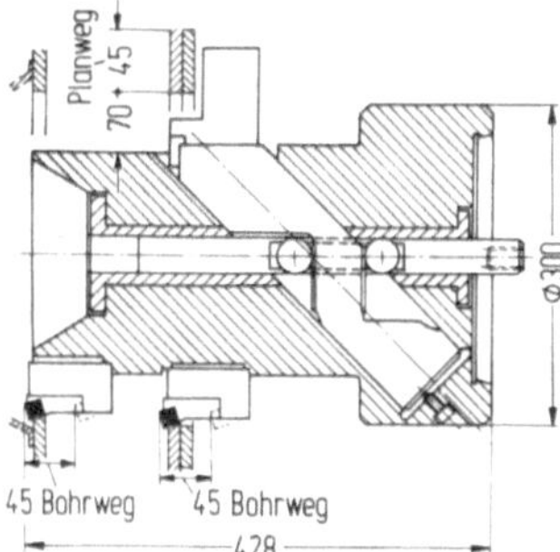

Bild 10.5. Sonderwerkzeuge zum Ausdrehen und Planziehen (Valenite-Modco, Sinsheim)

Arbeitsablauf. Während des Aufbohrens wird an einem bestimmten Punkt die Zugseele angehalten und nur der äußere Körper fährt weiter zum Ausdrehen. Über die Zugseele wird der schräge Rundschieber mit dem Werkzeug angehalten, also in einer Position fixiert. Da der äußere Körper weiter in Achsrichtung zum Ausbohren fährt, muß zwangsläufig der schräge Schieber nach innen einfahren. Dadurch entsteht eine Planbewegung.

Nach diesem Konzept lassen sich übrigens nicht nur Planflächen, sondern konkave und konvexe oder andere Profile in eine Fläche einarbeiten.

Normalerweise hätte man eine solche Arbeit in zwei Stationen erledigt. Würde man konventionell auf einer Station fahren, hätte man etwa die doppelte Zeit gebraucht. Die Kosten für dieses Werkzeug beliefen sich auf etwa 25000 DM. Es wurden zwei Exemplare gebaut.

Dieser Anwendungsfall ist allerdings eine kleine Ausnahme, da die Werkzeuge, die man auf zwei Stationen benötigt hätte, sogar noch teurer geworden wären als dieses eine Sonderwerkzeug.

Technische Daten. Der Bohrungsdurchmesser beträgt 338 mm/340 mm und der Planhub 45 mm. Die Genauigkeit ist auf jeden Fall besser, als wenn man in zwei Stationen fahren würde, da ein Taktfehler entfällt. Bearbeitungsdaten: $n = 140$ U/min, $v = 150$ bis 180 m/min, $s = 0{,}39$ mm/U, Werkstoff St 35, Bearbeitungszeit 50 s.

Eine weitere sehr wichtige Werkzeuggruppe sind die immer mehr verwendeten Keramikwerkzeuge. Über die bisherigen Erfahrungen mit Schneidkeramik und beschichteten Schneidstoffen sowie Herstellung und Eigenschaften der Schneidkeramik und Entwicklungsstand sowie Anwendung wird auf die einschlägige Literatur verwiesen. Die beschichteten und keramischen Wendeschneidplatten-Sorten und ihre Anordnung zu den Anwendungsgruppen kann Tabelle 10.1 (nach G. Koschnik) entnommen werden (Aufstellung nach Firmenunterlagen).

Tabelle 10.1. Beschichtete und keramische Wendeschneidplattensorten und ihre Anordnung zu den Anwendungsgruppen. (Nach Firmenunterlagen)

Schneidstoff	Hersteller	Sorte
Titancarbidbeschichtet	Carboloy	514
	Carboloy	516
	Carboloy	518
	Carboloy	523
	Hertel	HERTIC P 2C
	Krupp WIDIA	WIDADUR TN
	SANDVIK Coromant	GC 135
	SANDVIK Coromant	GC 315
	SANDVIK Coromant	GC 1025
	SECO Tools	Secotic K
	SECO Tools	Secotic P
	SECO Tools	Secotic TP
	VALENITE	V 90
	VALENITE	V 91
Titancarbonitridbeschichtet	Krupp WIDIA	WIDADUR TG
	Krupp WIDIA	WIDADUR TR
	PLANSEE	GM 15
	PLANSEE	GM 35
Keramikbeschichtet	Carboloy	545
	SANDVIK Coromant	GC 015
Mischkeramik	FELDMÜHLE	SH 1
	FELDMÜHLE	FH 3
	Krupp WIDIA	WIDALOX N
	Krupp WIDIA	WIDALOX R
Keramik	Carboloy	030
	DEGUSSA	SL 2
	FELDMÜHLE	SN 56
	FELDMÜHLE	SN 60
	FELDMÜHLE	SN 76

Zerspanungs-Anwendungsgruppen nach DIN 4990: P (01, 05, 10, 15, 20, 25, 30, 35, 40, 45, 50), M (10, 15, 20, 25, 30, 35, 40), K (01, 05, 10, 15, 20, 25, 30, 35, 40)

Keramik (SL 2, SN 56, SN 60, SN 76), P: keine Angaben. Für Keramik ist Zuordnung problematisch, da andere Kriterien und Schnittbedingungen als bei HM die Anwendungsbereiche bestimmen.

Keramik, M und K: siehe oben

10.2 Aufspannvorrichtungen

Hierüber läßt sich nichts Generelles aussagen, da diese Vorrichtungen von Fall zu Fall konstruiert und dem Werkstück angepaßt werden müssen. Deshalb wird das Vorrichtungs-Konstruktionsbüro bei einem Sondermaschinenhersteller einen verhältnismäßig großen Platz für sich beanspruchen. Die Forderungen an eine brauchbare Aufspannvorrichtung dürfen als bekannt vorausgesetzt werden. Ob die Spannung von Hand, mechanisch, hydraulisch, pneumatisch, elektromechanisch oder elektromagnetisch zu erfolgen hat, muß auch dem jeweiligen Bedarfsfall überlassen werden. Nur zwei Bedingungen müssen auf jeden Fall erfüllt werden: die genaue Lagebestimmung des Werkstückes und ein kraftvolles Spannen in kürzester Zeit, um Nebenzeiten einzusparen.

Mechanische Spannvorrichtungen, die mit Exzenter und Hebel oder mit einer Schraubenspindel betätigt werden, sind weitgehend durch hydraulische und pneumatische Spanneinheiten abgelöst worden. Dabei wird, wenn der Hub zu groß ist, oft mechanisch bis in die Nähe der gewünschten Öffnung voreingestellt, während das eigentliche Spannen mittels Öldruck oder Luftdruck über einen Zylinder erfolgt. Das Lösen kann ebenfalls hydraulisch oder pneumatisch erfolgen, oder es wird durch Federkraft bewirkt. Umgekehrt kann, da infolge des Ausbleibens von Öl- oder Luftdruck das Werkstück sich lösen würde, zum Spannen eine Feder benutzt werden. Ihre Kraft wird dann zum Lösen von der Hydraulik oder Pneumatik überwunden.

Die Gestaltung der Spann- und Löseeinheiten richtet sich nach Art und Größe der Werkstücke und der Zugänglichkeit der zu bearbeitenden Flächen sowie nach der Bauweise des Werkstückträgers auf einem Tisch, an einer rotierenden Einheit oder auf einer Transfereinrichtung.

Spann- und Lösevorrichtungen benutzt man zum Festhalten von Werkstücken sowie zum Ein- und Ausspannen von Werkzeugen. Nach Möglichkeit sollten werksgenormte Spannvorrichtungen verwendet werden, wie z. B. Zwei- oder Dreibackenfutter, die mechanisch oder pneumatisch oder auch hydraulisch betätigt werden können. Letzteres liegt auf der Hand, wenn es sich um hydraulisch gesteuerte Maschinen handelt.

11 Anordnung von Sondermaschinen

11.1 Bauformen nach Baukastensystem

Die Tabellen 11.1 bis 11.4 zeigen Möglichkeiten für die Anordnung von Sondermaschinen nach Baukastensystem als Beispiele für die in den Abschnitten 9 und 10 genannten Bauformen. Diese Übersicht über Systeme zur Ein- und Mehrseitenbearbeitung ist nach den unterschiedlichen Zubringebewegungen geordnet, aber natürlich nicht vollständig.

11.2 Verkettete Maschinen

In der Mengenfertigung werden für bestimmte Werkstücke oder für bestimmte Bearbeitungsfolgen gleichartige oder verschiedene Werkzeugmaschinen zu Fertigungslinien zusammengestellt. Haben diese einen automatisch laufenden Arbeitszyklus, so wird von Fertigungsketten gesprochen. Sie ermöglichen den selbstständigen Ablauf verschiedener Arbeitsoperationen auf verschiedenen Maschinen am gleichen Werkstück bei gleichbleibender Bearbeitungsqualität. Die Anforderungen an verkettungsfähige Fertigungseinrichtungen sind in den VDI-Richtlinien VDI 3240 festgehalten. In diesen Richtlinien sind auch die Vor- und Nachteile der sogenannten losen Verkettung gegenüber der starren Verkettung beschrieben.

Jede Firma ist heute durch den harten Wettbewerb gezwungen, ihre Erzeugnisse preisgünstig herzustellen. Von zentraler Bedeutung für ein Fertigungssystem ist dabei der wirtschaftliche Materialfluß. Die anderen Faktoren der spanenden Metallbearbeitung (Schneidstoffe, Werkzeughalter und Maschinen) sind bereits soweit ausgereift, daß sich in nächster Zeit weder die Güte der Schneidstoffe noch die Leistung der Werkzeugmaschinen wesentlich steigern lassen wird. Die Hauptzeit bietet also kaum noch Leistungsreserven. Deshalb laufen die Rationalisierungsbemühungen vor allem darauf hinaus, durch automatische Werkstückhandhabung die Nebenzeiten zu verringern. Die Maschinen können innerhalb der Werkzeugwechselintervalle ununterbrochen arbeiten. Der Arbeitsrhythmus ist vorausbestimmt, die gegebene Taktzeit ermöglicht exaktere Stückzahlangaben über Tages-, Dekaden- oder Monatskapazität der Maschinen. Diese Forderung wird von verketteten Maschinen in besonderem Maße erfüllt.

Tabelle 11.1. Häufig angewandte Systemformen. Ohne Zubringbewegung

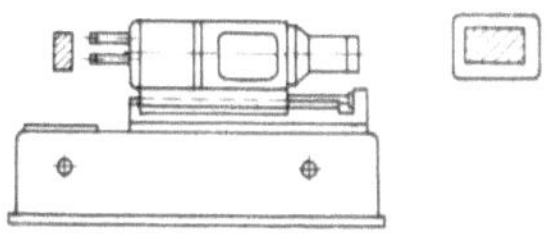	Eine gemeinsame horizontale Einheit.
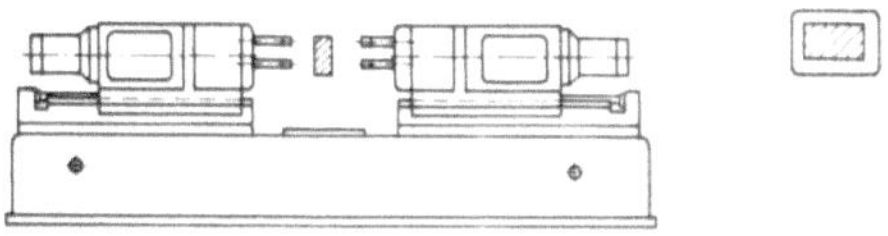	Zwei gemeinsame horizontale Einheiten.
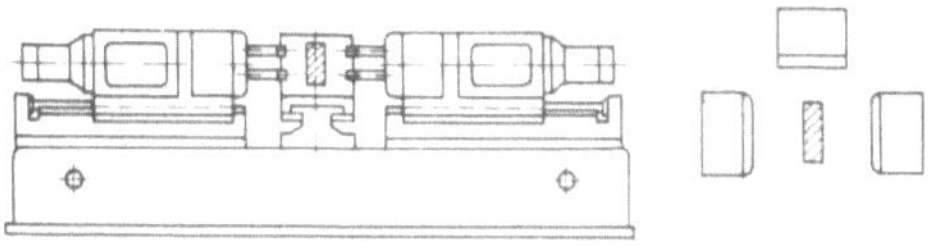	Drei gemeinsame horizontale Einheiten.
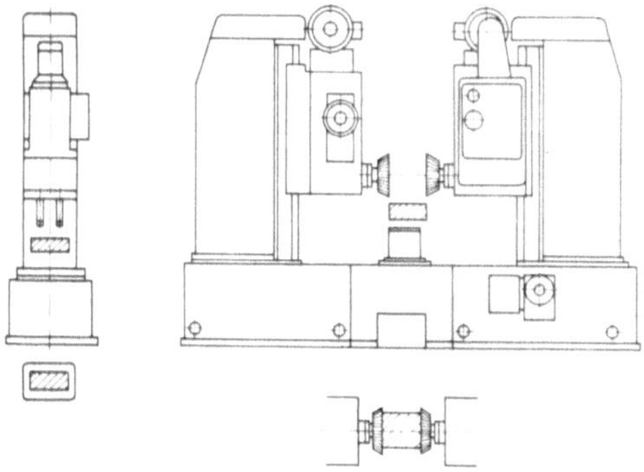	Links eine, rechts mehrere vertikale Einheiten
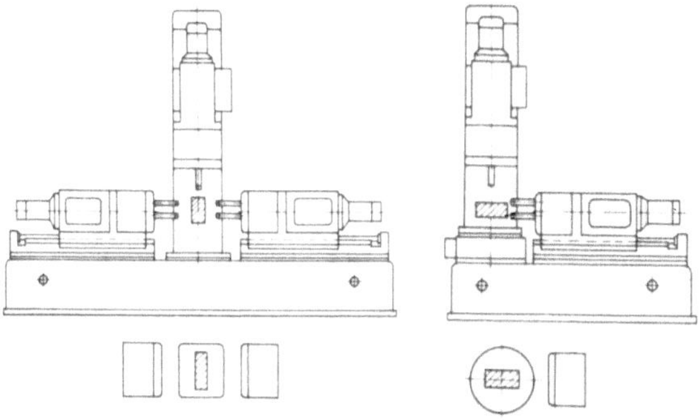	Gemeinsame horizontale und vertikale Einheiten.

Tabelle 11.2. Häufig angewandte Systemformen. Zubringbewegung mittels Vorrichtung von Station zu Station

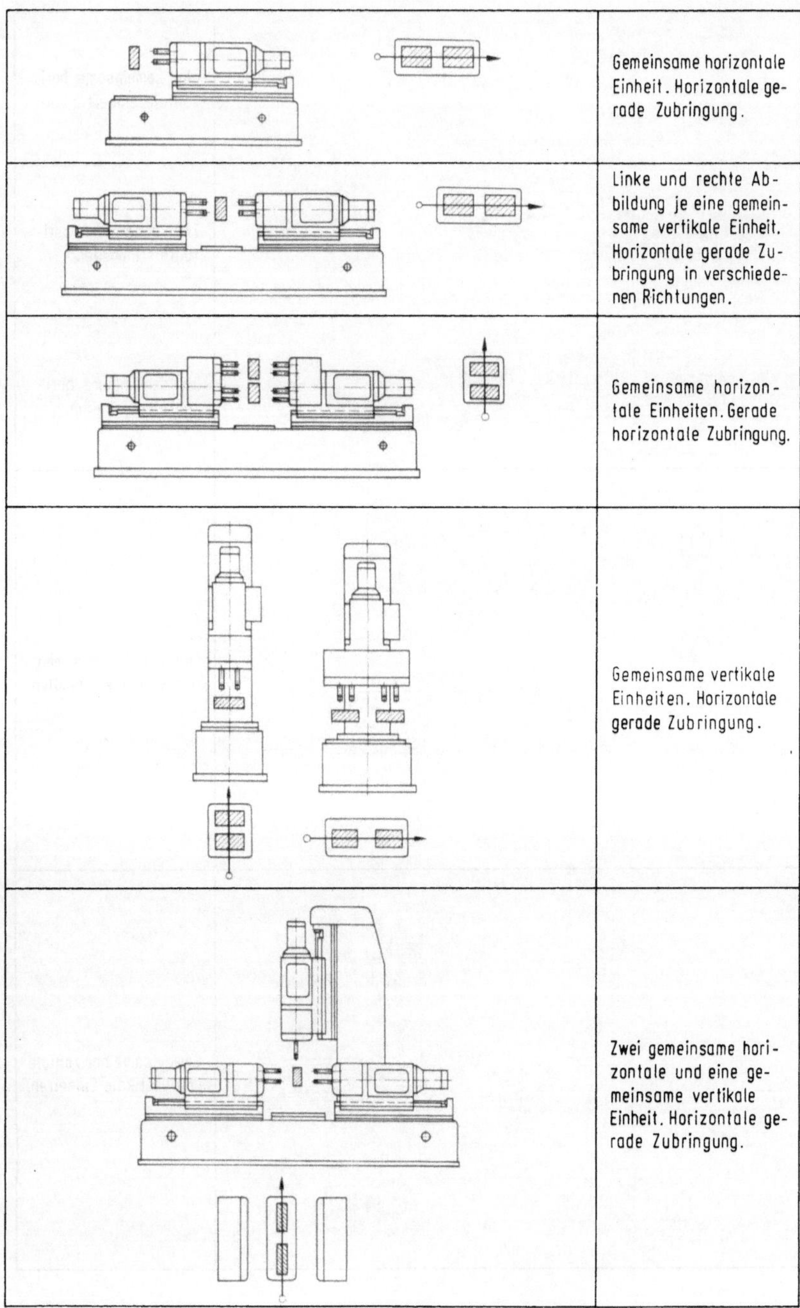

Tabelle 11.3. Häufig angewandte Systemformen. Zubringbewegung kreisförmig

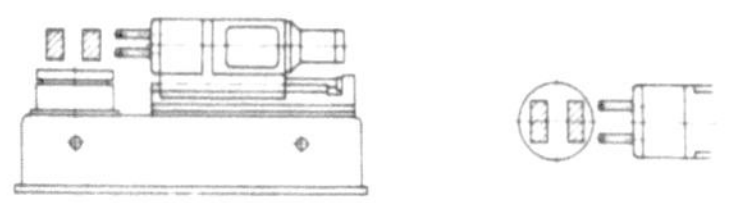	Gemeinsame horizontale Einheit. Horizontale kreisförmige Zubringung. Einseitenbearbeitung.
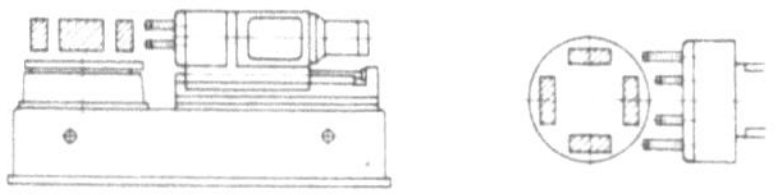	Wie oben, jedoch Dreiseitenbearbeitung.
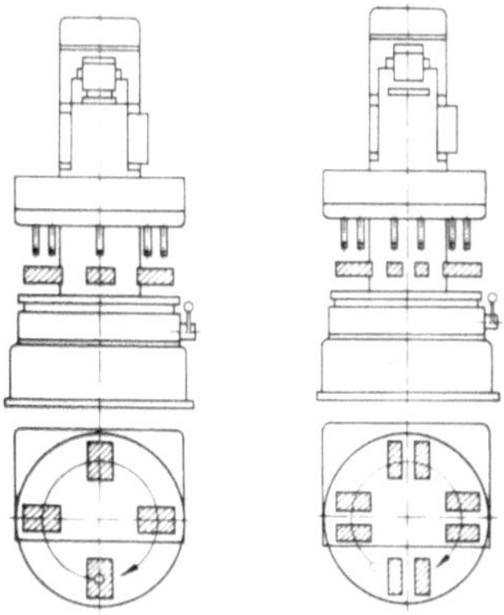	Je eine gemeinsame vertikale Einheit. Horizontale kreisförmige Zubringung. Bei rechter Abbildung erfolgt Zweiseitenbearbeitung.
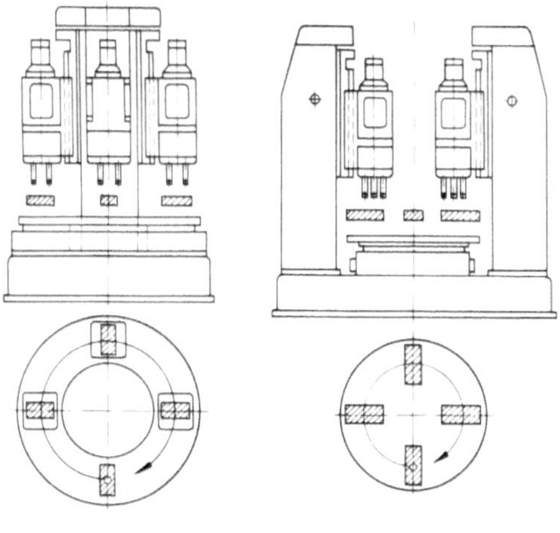	Mehrere vertikale Einheiten. Horizontale kreisförmige Zubringung. Links mit Mittelständer (Turmmaschine), rechts mit Seitenständern.

Tabelle 11.3. (Forts.) Häufig angewandte Systemformen. Zubringbewegung kreisförmig

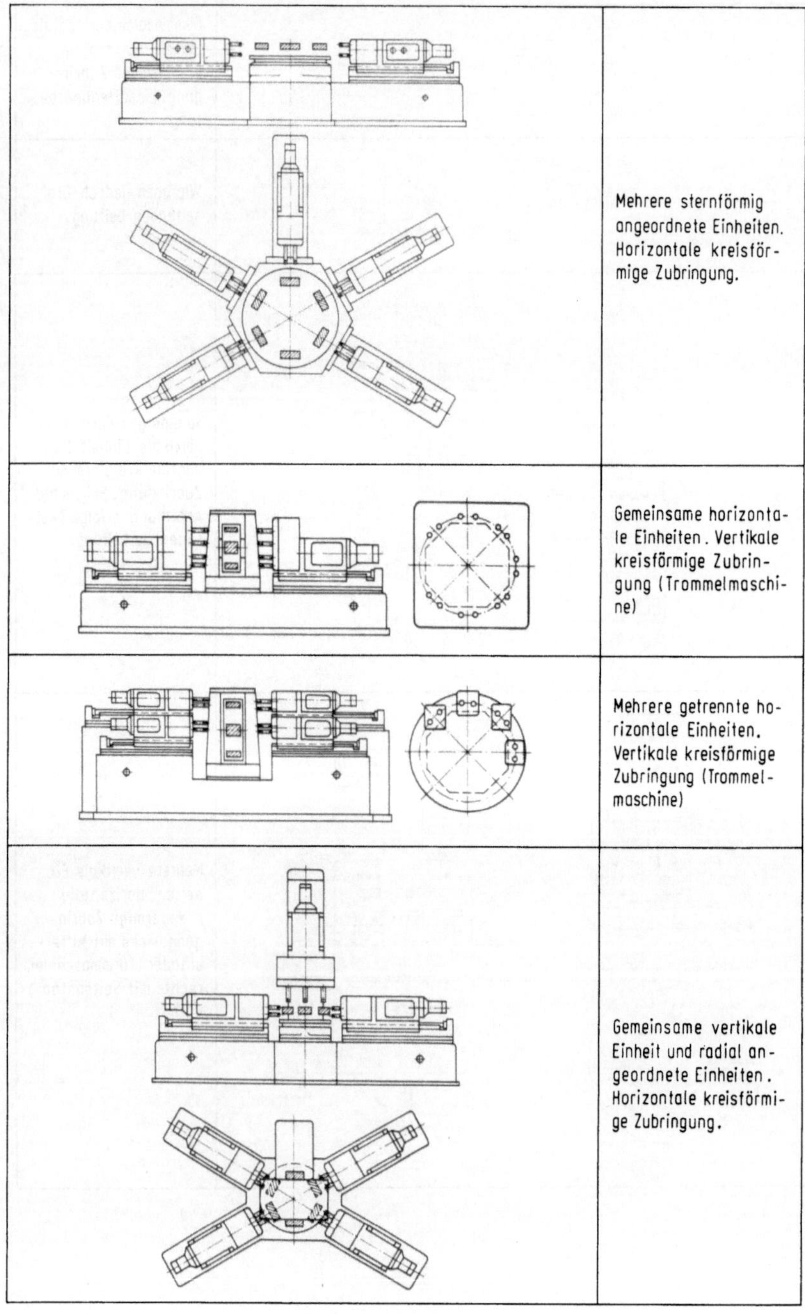

	Mehrere sternförmig angeordnete Einheiten. Horizontale kreisförmige Zubringung.
	Gemeinsame horizontale Einheiten. Vertikale kreisförmige Zubringung (Trommelmaschine)
	Mehrere getrennte horizontale Einheiten. Vertikale kreisförmige Zubringung (Trommelmaschine)
	Gemeinsame vertikale Einheit und radial angeordnete Einheiten. Horizontale kreisförmige Zubringung.

Tabelle 11.3. (Forts.) Häufig angewandte Systemformen. Zubringbewegung kreisförmig

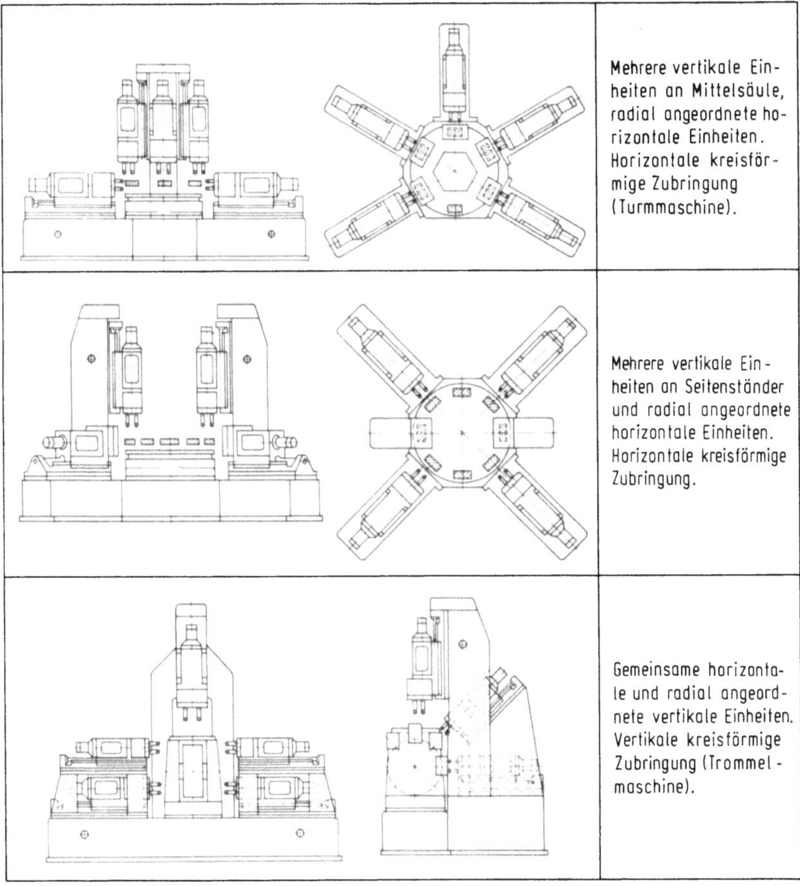

Tabelle 11.4. Häufig angewandte Systemformen. Zubringbewegung stetig

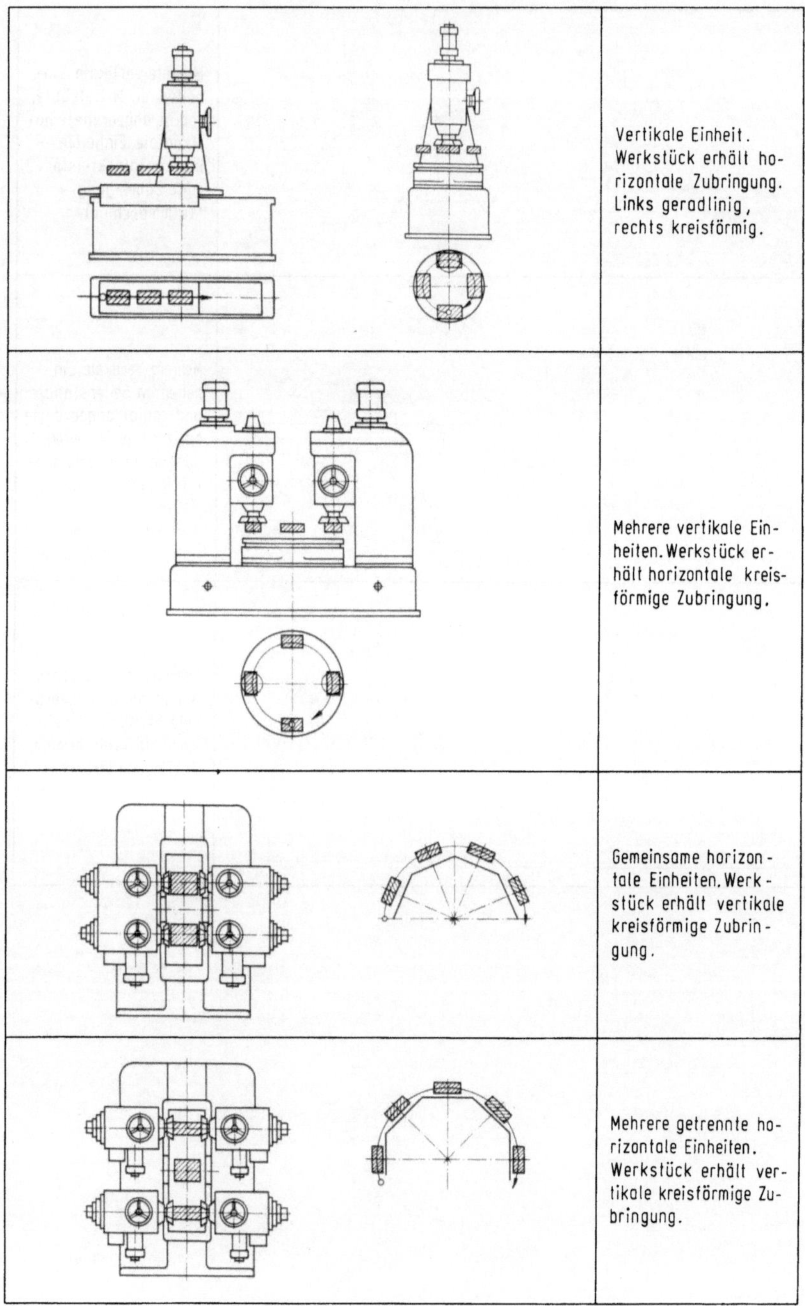

Weiterhin hat die lose Verbindung einzelner Maschinen zu einer verketteten Anlage den Vorteil, daß es jeder einzelnen Maschine möglich ist, durch zwischengeschaltete Pufferstrecken im Transportsystem unabhängig von anderen Operationen zu arbeiten. Daraus ergibt sich ein im Durchschnitt höherer Ausnutzungsgrad bei verketteten Anlagen im Vergleich zu Transferstraßen. Bei Verwendung serienmäßiger Werkzeugmaschinen kommt dazu die Möglichkeit, bei einem Wechsel zu gänzlich anders gearteten Werkstücken mit relativ geringem Aufwand auf das neue Teil umzustellen oder im Fall kleiner bis mittlerer Serien überhaupt nacheinander verschiedene Teile zu bearbeiten. Verkettete Anlagen bieten damit den gleichen Automatisierungseffekt wie Transferstraßen, stellen aber ein wesentlich geringeres Kapitalrisiko dar. Deshalb setzt sich die Verkettung einzelner Produktionsmaschinen immer mehr durch. Zwei Beispiele zeigen die Bilder 11.1 und 11.2.

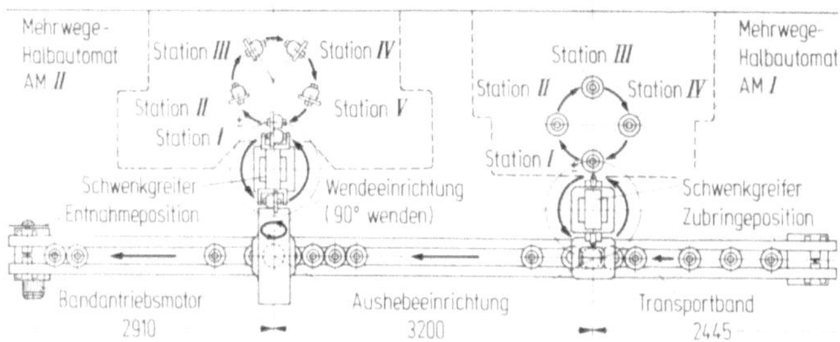

Bild 11.1. Verkettung von zwei Mehrwegeautomaten zur Bearbeitung von Differentialgetriebe-Gehäusen (Diedesheim, Mosbach)

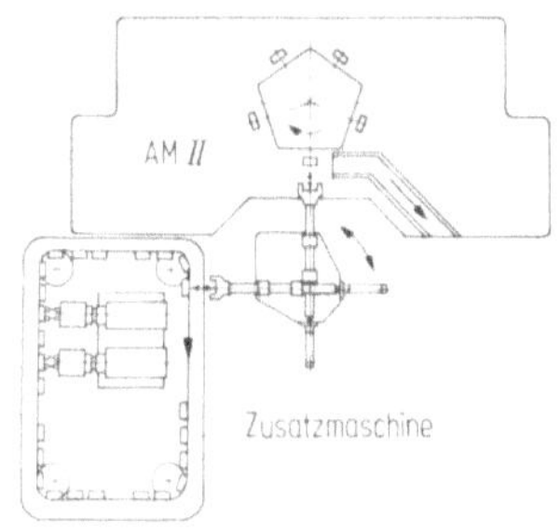

Bild 11.2. Verkettung eines Mehrwegeautomaten mit einer Zusatz-Bohr- und -Gewindebohrmaschine (Diedesheim, Mosbach)

11.3 Transferstraßen

Die meisten Hersteller von spanabhebenden Sondermaschinen befassen sich auch mit der Planung und Fabrikation von Transferstraßen. Schon die relativ große Anzahl der Hersteller in der Bundesrepublik Deutschland läßt auf einen großen Bedarf dieser Fertigungsstraßen schließen. Wenn es heißt, die Fertigungskosten noch stärker zu senken, kommt man nicht umhin, insbesondere bei Taktzeiten unter 3 min Maschinenstraßen mit einer automatischen Werkstücktransporteinrichtung auszurüsten.

Bei den Transferstraßen sind beim Werkstücktransport zwei Systeme zu unterscheiden: die Werkstückhandhabung mit oder ohne Werkstückträger (auch Palette oder Vorrichtungswagen genannt). Welches System bevorzugt wird, hängt vom Werkstück selbst ab, ob es für den trägerlosen Transport geeignet erscheint oder nicht.

Folgende Gründe sprechen für einen trägerlosen Transport (Bilder 11.3 und 11.4): Die sogenannten Rückführbahnen sind gewissermaßen ein „notwendiges Übel", um die für den Transport über die Arbeitsstationen einer Längstransferstraße benötigten Werkstückträger von der Entladestation am Maschinenende zur Ladestation am Maschineneingang zurückzuführen (Bild 11.5). Je nach der konstruktiven Durchbildung der Werkstückträger, die ihrerseits von der Form und Größe der Werkstücke abhängt, kann am Anfang und Ende des Arbeitsweges eine Umlenkung oder je ein Senkrecht- oder Schrägförderer vorgesehen sein, um die leeren Träger in einer anderen Ebene, entweder oberhalb oder seitlich der Maschine oder auch unterhalb im Maschineninneren zurückfahren zu lassen. Eine weitere Möglichkeit besteht in der Einschaltung einer Wende- oder Übergangsstation in der gleichen Ebene, wobei die Maschine seitlich umgangen wird. Diese Rückführbahnen verursachen beträchtliche Investitionskosten, die durch Fortfall der Werkstückträger und der Rückführungsbahn stark reduziert werden können. Damit werden auch die Reparatur- und Instandhaltungskosten geringer. Außerdem wird durch den Wegfall der Rückführungsbahn Platz gespart.

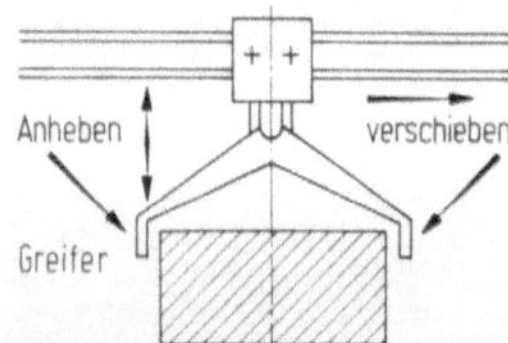

Bild 11.3. Greifen, Anheben und Verschieben der Werkstücke zur nächsten Station

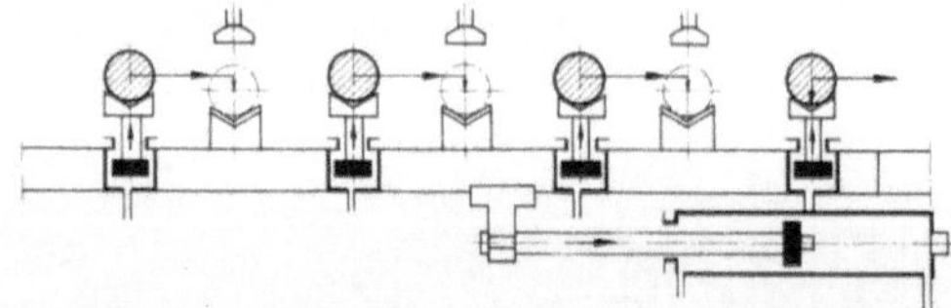

Bild 11.4. Werkstücktransport ohne Werkstückträger durch Verwendung hydraulisch betätigter Umsetzer

Die Arbeitsweise einer typischen Transferstraße (mit Werkstücksträger, Bild 11.6) ist folgende:
Auflegen des Werkstückes, Aufnahme in Paßstiften des Transportwagens;
Nachschub (oder Vorschub) der Wagen mit den Werkstücken durch Transportstangen mit Klinken, hydraulischer Nachschub mittels Zylinder und Kolben;
Indexieren der Wagen in der Arbeitsstation der Maschine;
hydraulisch betätigter Index, gleichzeitig genaue Ausrichtung und Fixierung des Wagens;
Spannen des Werkstückes, hydraulische Festspannung entsprechend den

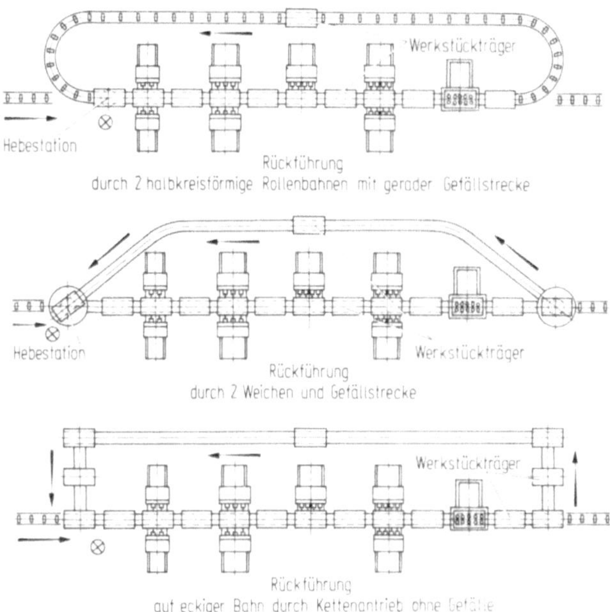

Bild 11.5. Gestaltungsmöglichkeiten der Rückführbahnen von Werkstückträgern

Erfordernissen der Bearbeitung (nur nötig, wenn Werkstück nicht schon auf dem Werkstückträger mechanisch festgespannt ist);
Eilvorschub und Arbeitsvorschub der Arbeitseinheiten, beides entweder hydraulisch oder mechanisch;
Eilrücklauf der Arbeitseinheiten;
Lösen der Spannung, Index herausnehmen;
Rücklauf der Transportstangen während des Arbeitsvorschubes.

11.4 Sondermaschinen nicht nach Baukastensystem

Auch Maschinenkonstruktionen dieser Art sollten eine gewisse Flexibilität aufweisen. Es versteht sich von selbst, daß sich Werkstücke einer Teilefamilie, die sich hauptsächlich in der Größenordnung unterscheiden, alle ohne große Umrüstschwierigkeiten bearbeiten lassen müssen. Aber auch ganz anders geartete Werkstücke sollten auf diesen Maschinen gefertigt werden können, natürlich dann nach entsprechendem Umbau der Maschinen. Das bedeutet wiederum, daß möglichst viele Bauelemente so konstruiert sein müssen, daß sie wiederverwendungsfähig sind, wie z. B. Maschinensockel, Ständer, Arbeitsspindeln, Antriebe, Hydraulikaggregate, Elektroschaltschränke. Alle diese Baugruppen sind in der Anschaffung zu kostspielig, als daß ihre Verwendung auf eine reine Einzweckmaschine beschränkt bleiben darf. Nicht nach Baukastensystem konzipierte Maschinen bieten daher für den Sondermaschinenbau ein interessantes Betäti-

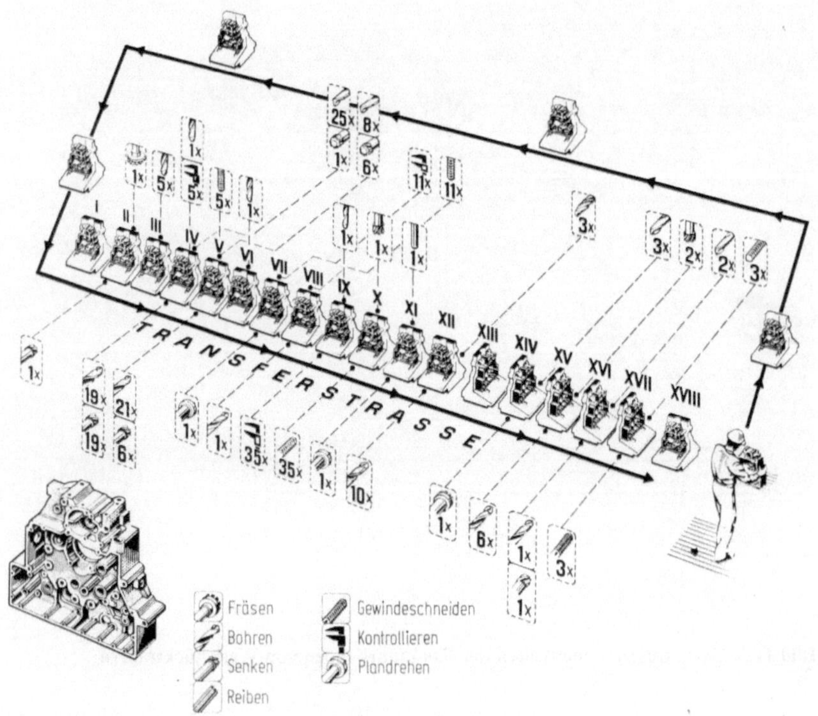

Bild 11.6. Prinzip einer Transferstraße mit Werkstückträger und Rückführbahn (Audi/NSU, Neckarsulm)

Bild 11.7. Werkzeugraum einer Kugellaufbahn-Fräsmaschine (Ex-Cell-O, Eislingen)

gungsfeld, da er bei einer Vielfalt von Aufgaben seine Leistungsfähigkeit und Flexibilität in besonderem Maße unter Beweis stellen kann. Ein Beispiel hierfür zeigen die Bilder 11.7 und 11.8.

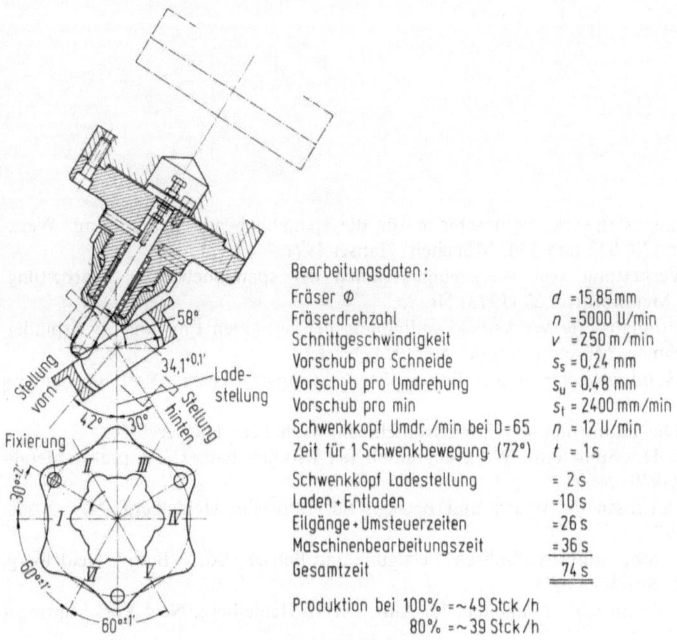

Bild 11.8. Werkzeugplan für die Fertigung von Rzeppa-Gelenken (Ex-Cell-O, Eislingen)

Literaturverzeichnis

Boetz, V.: Baukastenwerkzeugmaschinen für die spanabhebende Bearbeitung. Werkstattblätter 530, 533 und 534. München: Hanser 1971.

Boetz, V.: Verkettung von Werkzeugmaschinen der spanabhebenden Bearbeitung. TZ prakt. Metallbearb., 67 (1973) Nr. 9.

Boetz, V.: Automatisierte Werkstückhandhabung bei vertikalen Ein- und Zweispindel-Drehmaschinen. Maschinenmarkt, 80 (1974) Nr. 82.

Dzieyk, B.: Sondermaschinen aus Baueinheiten. Stuttgart: Techn. Verl. Grossmann 1966.

Goebel, H.: Die Bauformen der Sondermaschinen. München: Hanser 1956.

Goszdziewski, H.: Sind teure Werkzeugmaschinen wirklich teuer?. TZ prakt. Metallbearb. 63 (1969) Nr. 6.

Klein, H. H.: Fräsen. Fertigung und Betrieb, Bd. 1. Berlin, Heidelberg, New York: Springer 1974.

Klein, H. H.: Bohren und Aufbohren. Fertigung und Betrieb, Bd. 7. Berlin, Heidelberg, New York: Springer 1975.

Klingelnberg: Technisches Hilfsbuch, 15. Aufl. Berlin, Heidelberg, New York: Springer 1967.

Krempel, F.: Flexible Montagesysteme. wt-Z. ind. Fertig. 67 (1977) Nr. 4.

Krempel, F.: Flexible Sondermaschinen und Transferstraßen. Werkst. u. Betr. 110 (1977) Nr. 3.

Schmidt, F.: Normung der Mehrspindelköpfe für Sondermaschinen, Werkst. u. Betr. 110 (1977) Nr. 3.

Wiest, H.: Sondermaschinen für die Armaturenindustrie nach dem Baukastenprinzip und ihre Wirtschaftlichkeit. TZ prakt. Metallbearb., 56 (1962) Nr. 9.

Sachverzeichnis